Dieter Lange

Algorithmen der Netzwerkanalyse für programmierbare Taschenrechner (HP-41C)

Anwendung programmierbarer Taschenrechner

Band 1	Angewandte Mathematik – Finanzmathematik – Statistik – Informatik für UPN-Rechner, von H. Alt
Band 2	Allgemeine Elektrotechnik – Nachrichtentechnik – Impulstechnik für UPN-Rechner, von H. Alt
Band 3/I	Mathematische Routinen der Physik, Chemie und Technik für AOS-Rechner Teil I, von P. Kahlig
Band 3/II	Mathematische Routinen für Physik, Chemie und Technik für AOS-Rechner Teil II, von P. Kahlig
Band 4	Statik – Kinematik – Kinetik für AOS-Rechner, von H. Nahrstedt
Band 5	Numerische Mathematik, Programme für den TI-59, von J. Kahmann
Band 6	Elektrische Energietechnik – Steuerungstechnik – Elektrizitätswirtschaft für UPN-Rechner, von H. Alt
Band 7	Festigkeitslehre für AOS-Rechner (TI-59), von H. Nahrstedt
Band 8	Graphische Darstellung mit dem Taschenrechner (AOS), von P. Kahlig
Band 9	Maschinenelemente für AOS-Rechner (TI-59), von H. Nahrstedt
Band 10	Getriebetechnik – Kinematik für UPN- und AOS-Rechner, von K. Hain
Band 11	Programmorganisation und indirektes Programmieren für AOS-Rechner, von A. Tölke
Band 12	Algorithmen der Netzwerkanalyse für programmierbare Taschenrechner (HP-41C), von D. Lange

Anwendung programmierbarer Taschenrechner

Band 12

Dieter Lange

Algorithmen der Netzwerkanalyse für programmierbare Taschenrechner (HP-41C)

Mit 52 Beispielen

Springer Fachmedien Wiesbaden GmbH

CIP-Kurztitelaufnahme der Deutschen Bibliothek

Lange, Dieter:
Algorithmen der Netzwerkanalyse für programmierbare Taschenrechner (HP-41 C) / Dieter Lange. – Braunschweig; Wiesbaden: Vieweg, 1981.
(Anwendung programmierbarer Taschenrechner; Bd. 12)
NE: GT

1982

Ursprünglich erschienen bei Friedr. Vieweg & Sohn Verlagsgesellschaft mbH, Braunschweig 1982

ISBN 978-3-528-04198-4
DOI 10.1007/978-3-663-14244-7

ISBN 978-3-663-14244-7 (eBook)

Vorwort

Mit programmierbaren Taschenrechnern steht ein neues Mittel für den Unterricht und die Praxis zur Verfügung, elektrische Netzwerke in eleganter Weise zu analysieren.

Nun ist es natürlich in keiner Weise elegant, wenn man für jede Schaltung oder jeden Schaltungstyp ein spezielles Rechnerprogramm schreibt. Von einem komfortablen Programm muß man vielmehr erstens verlangen, daß es allgemein ist, d.h. für viele Arten von Schaltungen geeignet ist. Ein solches Programm ist, wenn es sich ständig im Speicher des Rechners befindet, stets sofort einsatzbereit. Die Bedienung läßt sich leicht memorieren, da sie häufig wiederholt wird. Zweitens sollte ein Netzwerkprogramm schnell sein. Dies ist insbesondere wichtig, wenn Frequenzgänge oder der Einfluß von Schaltungsparametern berechnet werden. Die dritte Forderung an ein Netzwerkprogramm ist eine möglichst einfache Eingabe. Das Aufstellen irgendwelcher Netzgleichungen kann umgangen werden, wenn die Elemente der Schaltung und ihre Verknüpfungen in geeigneter Weise in den Rechner eingegeben werden.

Für Großrechner ist natürlich die Realisierung dieser Forderungen kein Problem, da sie schnell sind und über genügend Speicherkapazität verfügen.

Programmierbare Taschenrechner jedoch haben eine sehr begrenzte Speicherkapazität und Rechengeschwindigkeit. Um die genannten Forderungen zu erfüllen, muß man zunächst geeignete Analyseverfahren auswählen. Das Hauptanliegen dieses Buches ist es, ein universelles, für Taschenrechner optimal geeignetes Verfahren durch einen einfachen Algorithmus zu formulieren, der grundsätzlich rechnerunabhängig ist. Dies könnte ein Schritt sein in Richtung zu einer gewissen Einheitlichkeit der Analyseverfahren mit programmierbaren Taschenrechnern und weg von der Vielzahl spezieller Anwenderprogramme.

Hamburg, Juli 1981 Dieter Lange

Vorwort

Inhalt

Seite

1. Einleitung

Ziel der Netzwerkanalyse ist es, in einer gegebenen Schaltung, die aus idealen Spannungsquellen, idealen Stromquellen, Widerständen, Kapazitäten und Induktivitäten besteht, die Stromverteilung und die Spannungsverteilung zu berechnen. In der vorliegenden Darstellung werden allgemeine Verfahren für die Netzwerkanalyse mit programmierbaren Taschenrechnern angegeben. Ausgangspunkt der Berechnung ist direkt die Schaltung. Die Aufstellung von Netzgleichungen durch den Benutzer ist nicht erforderlich.

Sehr allgemeine Verfahren sind das Maschenstromverfahren und das Knotenpunktpotentialverfahren. Mit diesen Verfahren können beliebig vermaschte Netze berechnet werden. Sie führen auf lineare Gleichungssysteme, die mit dem Gauß-Algorithmus aufgelöst werden. Das Maschenstromverfahren ermittelt die Stromverteilung eines Netzwerkes, das Knotenpunktpotentialverfahren die Spannungsverteilung. Beide Verfahren sind vom Prinzip her so ähnlich (dual), daß sie in einem Programm zusammengefaßt wurden. Dieses universelle Programm würde eigentlich für die Berechnung aller Netzwerke ausreichen. Dem Vorteil der universellen Anwendbarkeit steht jedoch der Nachteil einer mäßigen Rechenzeit gegenüber, vor allem dann, wenn Fequenzgänge mit vielen Frequenzpunkten gerechnet werden. Der Aufbau der Leitwert- oder Widerstandsmatrix im Rechner und der Gauß-Algorithmus kosten Rechenzeit.

Für viele Schaltungen eignet sich bereits das Reduktionsverfahren. Es beruht auf der Methode der äquivalenten Ersatzquellen. Auch bei diesem Verfahren sind beliebig viele Spannungs- und Stromquellen in einem Netzwerk zugelassen. Es ist auf Schaltungen anwendbar, die aus Reihenparallelschaltungen bestehen. Dazu gehören z.B. Kettenleiter, mehrfach gespeiste Leitungen, einfache Brückenschaltungen und Filterschaltungen. Mit dem Reduktionsverfahren lassen sich Spannungen, Ströme und Widerstände berechnen. Es hat etwa die doppelte Rechengeschwindigkeit wie das Maschenstrom- oder Knotenpunktpotentialverfahren.

Daher ist es für die Berechnung von Frequenzgängen besser geeignet. Ein weiterer Vorteil dieses Verfahrens ist, daß die Zweige nicht numeriert zu werden brauchen.

Für die geschilderten Verfahren wird hier erstmalig eine algorithmische Schreibweise angewendet, die aus einer Folge von Makroanweisungen besteht, mit denen die Schaltung und der Rechengang eindeutig beschrieben werden. Die algorithmische Formulierung der Methoden ist rechnerunabhängig und allgemein. Ihre Struktur ist den Möglichkeiten der Kleinrechner angepaßt. Für das Vokabular der Makroanweisungen sind wie üblich englische Bezeichnungen gewählt worden.

Die Realisierung diese Konzeptes ist in der vorliegenden Darstellung auf einem programmierbaren Taschenrechner HP-41C durchgeführt worden. Die Programme haben einheitlich den folgenden Aufbau. Zunächst wird die Schaltung als Modell in der rechnerunabhängigen algorithmischen Formulierung im Rechner abgespeichert. Die Makroanweisungen werden dabei in einen internen Code umgewandelt. In der folgenden Rechenphase wird eine Frequenz gewählt und das abgespeicherte Makroprogramm interpretiert und ausgeführt. Dabei bewirkt jede Makroanweisung einen Sprung in ein Unterprogramm. Nach Beendigung eines Rechendurchlaufs kann eine neue Frequenz gewählt und das Makroprogramm erneut ausgeführt werden.

Es wurde eine möglichst allgemeine, rechnerunabhängige Darstellung der Algorithmen angestrebt, losgelöst von der Realisierung auf einem speziellen Rechner, so daß der Stoff auch lesbar ist, wenn Kenntnisse des HP-41C nicht vorliegen.

Die Darstellung wendet sich an Leser, die mit den Grundlagen der Netzwerkanalyse vertraut sind, wie sie im ersten Semester an Technischen Universitäten und Fachhochschulen vermittelt werden. Dazu gehört die Kenntnis des Zählpfeilsystems, der Kirchhoffschen Gesetze und der Anwendung der komplexen Rechnung auf Wechselstromschaltungen mit sinusförmigen Strömen und Spannungen.

2. Reduktionsprogramm RED

2.1. Allgemeine Beschreibung

In diesem Programm wird die Methode der äquivalenten Ersatzquellen angewendet, um ein Zweipolnetzwerk zu reduzieren. Als Ergebnis der Reduktion ergibt sich eine Ersatzquelle mit ihren charakteristischen Größen Leerlaufspannung $\underline{U}_o$, Kurzschlußstrom $\underline{I}_k$ und Innenwiderstand $\underline{Z}_o$. Hieraus folgt, daß man mit dem Programm Spannungen, Ströme und Widerstände in einem Netzwerk berechnen kann. Die Anwendung des Programms setzt allerdings eine gewisse Kenntnis der Methode der äquivalenten Ersatzquellen voraus, da der Anwender die Reihenfolge der Reduktion bestimmen muß.

Das Netzwerk darf aus einer Kombination von Spannungsquellen, Stromquellen, Widerständen, Kapazitäten und Induktivitäten bestehen. Es wird bezüglich zweier beliebiger Klemmen zu einer Ersatzquelle reduziert. Durch Anwendung einer speziellen Zwischenspeichertechnik brauchen die einzelnen Zweige nicht numeriert zu werden. Die Grenzen des Programms liegen dort, wo eine Reihen- oder Parallelschaltung von Zweipolen nicht mehr möglich ist.

Die gesamte Schaltung wird in der Reihenfolge der Reduktion zunächst als Makroprogramm im Rechner gespeichert. Dann wird nach Wahl einer Frequenz die Rechnung gestartet. Die Schaltung kann also für beliebig viele Frequenzen mühelos durchgerechnet werden (Bild 1).

Steht ein Drucker zur Verfügung, dann kann der Amplitudengang oder der Phasengang als Kurve geplottet werden.

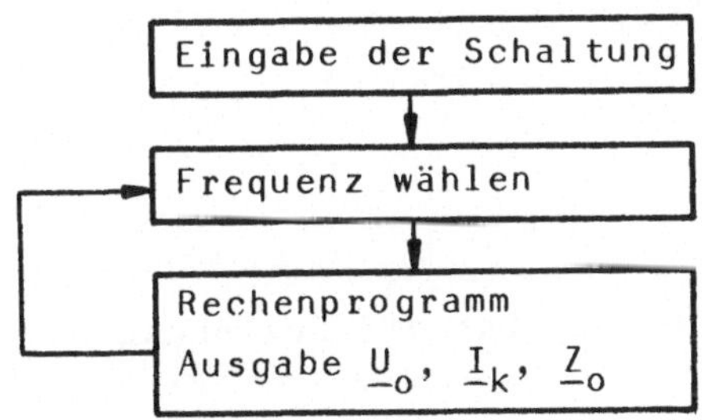

Bild 1: Ablaufdiagramm

2.2. Der reduzierte Zweipol

2.2.1. Die Ersatzzweipolquelle

In der Netzwerktheorie gilt der Satz: jedes lineare Netzwerk, das aus einer beliebigen Kombination von idealen Spannungsquellen, idealen Stromquellen, Widerständen, Kapazitäten und Induktivitäten besteht, kann bezüglich zweier beliebiger Klemmen a,b zu einer äquivalenten Ersatzzweipolquelle reduziert werden, die außerhalb der Klemmen a,b die gleichen Eigenschaften (gleiche Strom-Spannungskennlinie) hat wie das ursprüngliche Netzwerk.

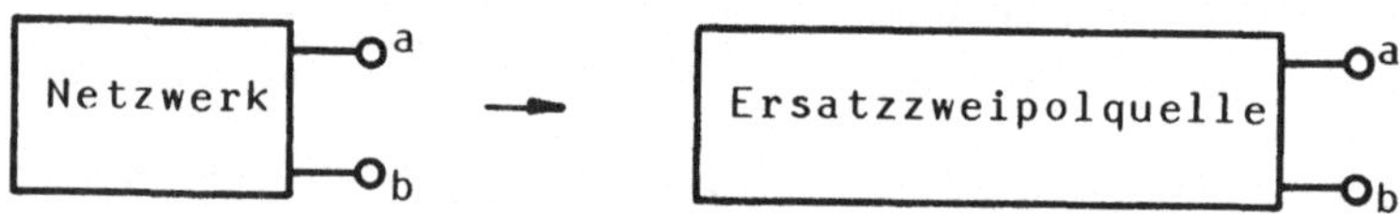

Bild 2: Reduktion eines Zweipols

Die Ersatzzweipolquelle nach Bild 2 kann in zwei völlig gleichwertigen Formen angegeben werden: die Ersatzspannungsquelle und die Ersatzstromquelle (Bild 3):

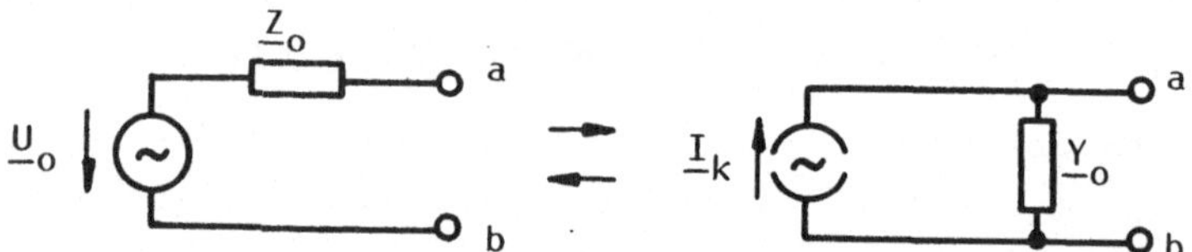

Bild 3: Ersatzspannungsquelle und äquivalente Ersatzstromquelle

Die Ersatzspannungsquelle und die äquivalente Ersatzstromquelle lassen sich durch eine einfache Beziehung ineinander umrechnen:

$$\underline{Z}_o = \frac{1}{\underline{Y}_o} \tag{1a}$$

$$\underline{U}_o = \underline{I}_k \, \underline{Z}_o \tag{1b}$$

Völlig gleichwertig zu (1) ist die Beziehung:

$$\underline{Y}_o = \frac{1}{\underline{Z}_o} \quad (2a)$$

$$\underline{I}_k = \underline{U}_o \underline{Y}_o \quad (2b)$$

Man erkennt, daß $\underline{U}_o$ die Leerlaufspannung der Ersatzquelle an den Klemmen a,b und $\underline{I}_k$ der Kurzschlußstrom der Ersatzquelle über die Klemmen a,b ist. Der Widerstand $\underline{Z}_o$ wird als Innenwiderstand der Ersatzquelle bezeichnet. Der Leser möge sich davon überzeugen, daß beide äquivalenten Ersatzquellen des Bildes 3 die gleiche Leerlaufspannung und den gleichen Kurzschlußstrom haben.

2.2.2. Reduktion durch Reihenparallelschaltung

Ist nun der zu reduzierende Zweipol aufgebaut aus einer fortgesetzten Reihenparallelschaltung, dann läßt er sich sehr einfach reduzieren, und zwar durch fortgesetzte Anwendung der Formeln (1) und (2) und Addition eines in Reihe oder parallel geschalteten Elementes.

Beispiel 1

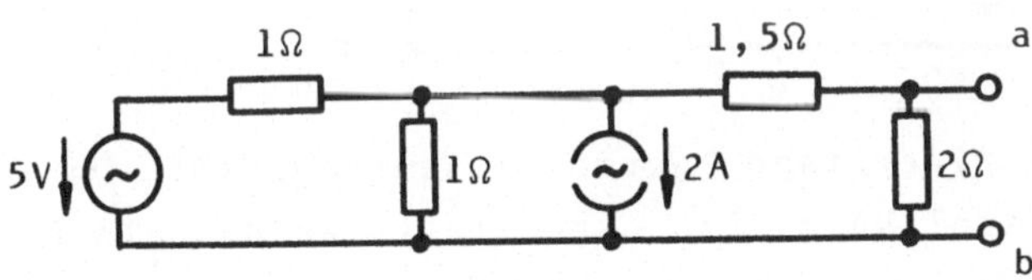

Das Netzwerk zwischen den Klemmen a,b soll zu einer Ersatzzweipolquelle reduziert werden. Mit (2) wird die Reihenschaltung 5V und 1Ω in eine äquivalente Ersatzstromquelle umgewandelt:

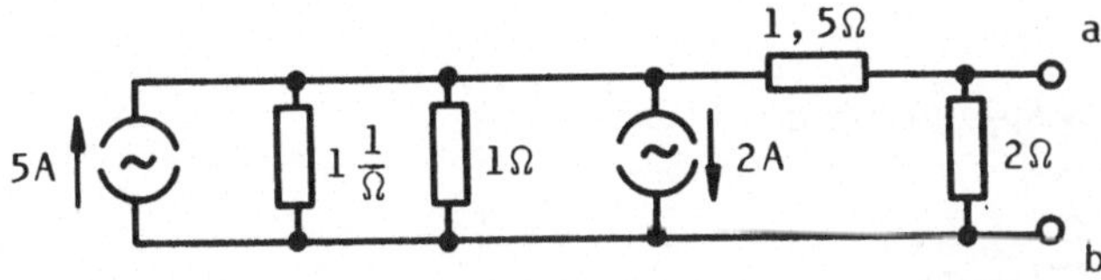

Jetzt lassen sich die parallelen Widerstände und Stromquellen zusammenfassen:

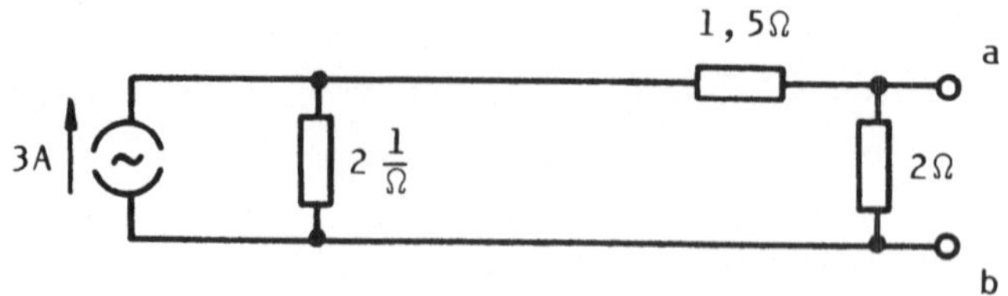

Die Parallelschaltung von 3A und $2\frac{1}{\Omega}$ wird nun mit (1) in eine äquivalente Ersatzspannungsquelle umgewandelt:

Jetzt lassen sich die Serienwiderstände 0,5Ω und 1,5Ω zusammenfassen. Es erfolgt wieder mit (2) eine Umwandlung in eine äquivalente Ersatzstromquelle:

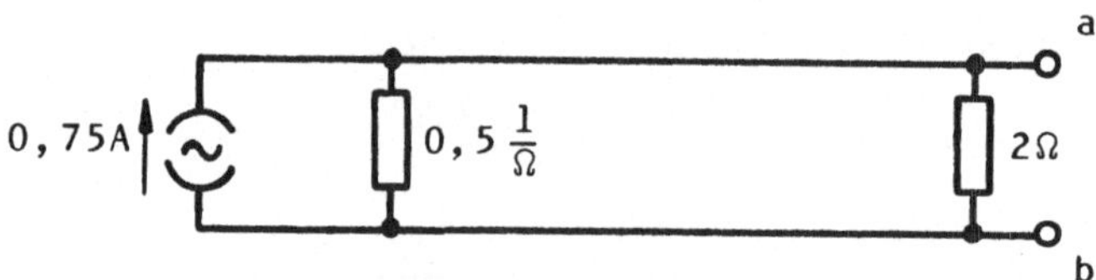

Die parallelen Widerstände werden zusammengefaßt. Der reduzierte Zweipol kann also dargestellt werden als Ersatzstromquelle:

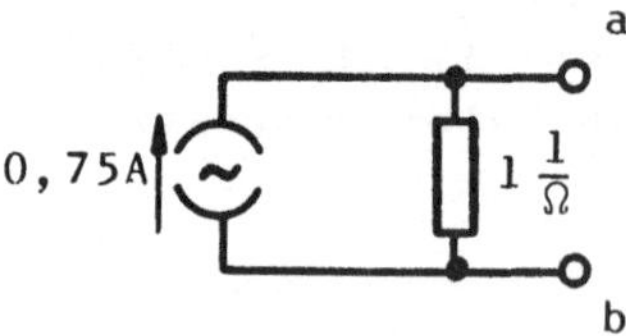

oder als Ersatzspannungsquelle:

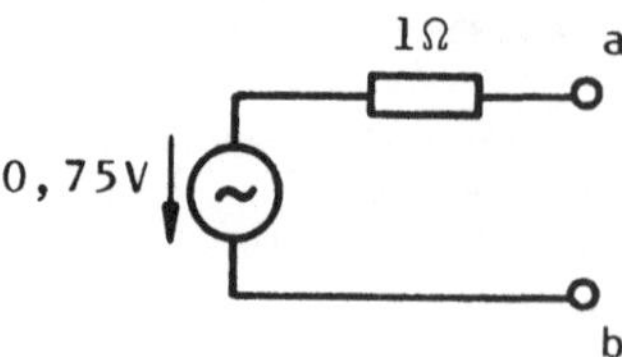

2.3. Rechnerunabhängige algorithmische Formulierung der Reduktion

2.3.1. Algorithmische Formulierung der fortgesetzten Reihenparallelschaltung

Für die folgenden Betrachtungen wird ein Zweipolspeicher A definiert. Er soll als fiktiver Speicher eines fiktiven Rechners oder auch als Eintragung in einer Tabelle aufgefaßt werden. In diesem Zweipolspeicher befinden sich die Daten entweder einer Ersatzspannungsquelle <u>oder</u> einer Ersatzstromquelle. Der Speicher muß aus vier Registern bestehen, und zwar für:

1) Realteil von $\underline{U}_o$ oder $\underline{I}_k$
2) Imaginärteil von $\underline{U}_o$ oder $\underline{I}_k$
} Speicher $\underline{UI}$

3) Realteil von $\underline{Z}_o$ oder $\underline{Y}_o$
4) Imaginärteil von $\underline{Z}_o$ oder $\underline{Y}_o$
} Speicher $\underline{ZY}$

Liegt die Ersatzzweipolquelle als Ersatzspannungsquelle vor, dann ist im Zweipolspeicher A die Leerlaufspannung $\underline{U}_o$ und der Innenwiderstand $\underline{Z}_o$ gespeichert, d.h. es ist $\underline{UI} = \underline{U}_o$ und $\underline{ZY} = \underline{Z}_o$. Liegt die Ersatzzweipolquelle als Ersatzstromquelle vor, dann ist in A der Kurzschlußstrom $\underline{I}_k$ und der Innenleitwert $\underline{Y}_o$ gespeichert, d.h. es ist $\underline{UI} = \underline{I}_k$ und $\underline{ZY} = \underline{Y}_o$.

Für die Reduktion muß häufig eine Ersatzspannungsquelle in eine Ersatzstromquelle umgerechnet werden und umgekehrt. Vergleicht man die Umrechnungsformeln (1) und (2), dann stellt man fest, daß sie durch eine einzige ersetzt werden können:

$$\underline{ZY} := \frac{1}{\underline{ZY}} \tag{3a}$$

$$\underline{UI} := \underline{UI} \cdot \underline{ZY} \tag{3b}$$

In diesen Formeln ist das Symbol := wie folgt zu verstehen. Zunächst wird $1/\underline{ZY}$ berechnet und dann wieder in $\underline{ZY}$ gespeichert. Anschließend wird $\underline{UI} \cdot \underline{ZY}$ berechnet und dann wieder in $\underline{UI}$ gespeichert. Die Formeln (3a) und (3b) können also zur Umrechnung der Ersatzzweipolquelle in beiden Richtungen benutzt werden.

Ein Spezialfall der Ersatzzweipolquelle liegt vor, wenn keine Quellen vorhanden sind. In diesem Falle sind auch die Formeln (3a) und (3b) anwendbar mit $\underline{UI} = 0$. Diese Formeln können also auch zur Reduktion passiver Zweipole benutzt werden.

Ein Zweipol A sei als Ersatzstromquelle gegeben (Bild 4).

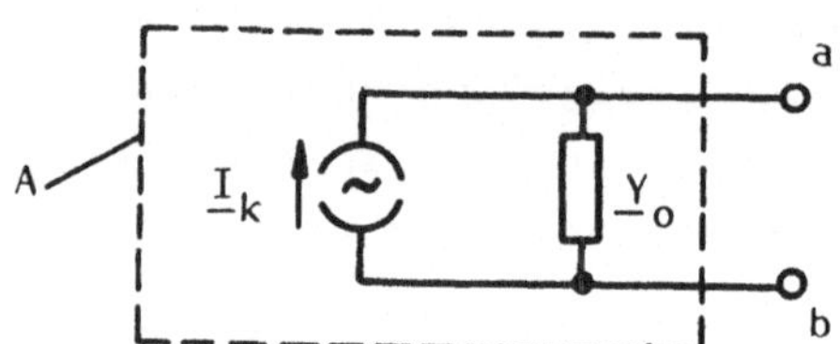

Bild 4: Ersatzstromquelle

Dann können zu dem Zweipol Leitwerte parallel geschaltet werden, indem sie zum Innenleitwert $\underline{Y}_o$ der Ersatzstromquelle addiert werden. Außerdem können ideale Stromquellen parallel geschaltet werden, indem sie zur Quelle $\underline{I}_k$ der Ersatzstromquelle addiert werden. Diese Parallelschaltungen lassen sich einfach programmieren (komplexe Additionen) und können mit den folgenden rechnerunabhängigen Makroanweisungen in einfacher Weise formuliert werden.

Tabelle 1: Makroanweisungen für Parallelschaltungen

RP = (Wert)	Parallelwiderstand
CP = (Wert)	Parallelkapazität
LP = (Wert)	Parallelinduktivität
XP = (Wert)	Parallelblindwiderstand
I = (Wert)	Betrag einer parallel geschalteten idealen Stromquelle
PHI= (Wert)	Phasenwinkel der parallel geschalteten idealen Stromquelle

Diese Makroanweisungen bewirken in einem Programm zwei Dinge. Zunächst muß der Zweipol A in eine Ersatzstromquelle umgewandelt werden, wenn er nicht bereits als Ersatzstromquelle vorliegt. Dann wird eine der in der Tabelle angegebenen Parallelschaltungen durchgeführt.

Ein Zweipol A sei nun als Ersatzspannungsquelle gegeben (Bild 5).

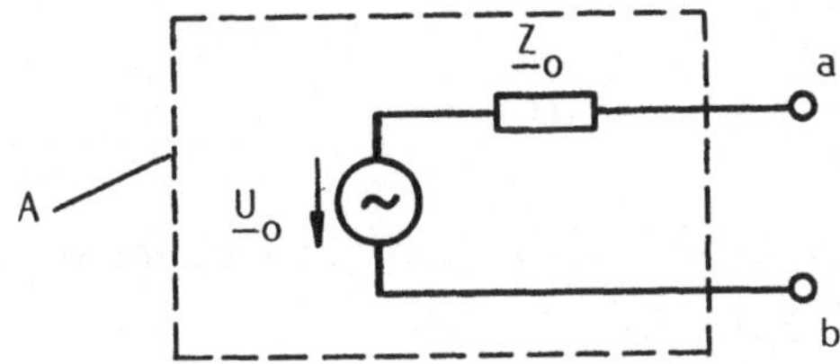

Bild 5: Ersatzspannungsquelle

Dann können zu dem Zweipol Widerstände in Reihe geschaltet werden, indem sie zum Innenwiderstand $\underline{Z}_o$ der Ersatzspannungsquelle addiert werden. Außerdem können ideale Spannungsquellen in Reihe geschaltet werden, indem sie zur Quelle $\underline{U}_o$ der Ersatzspannungsquelle addiert werden. Auch diese Reihenschaltungen lassen sich einfach programmieren (komplexe Additionen) und können mit den folgenden rechnerunabhängigen Makroanweisungen formuliert werden.

Tabelle 2: Makroanweisungen für Serienschaltungen

RS = (Wert)	Serienwiderstand
CS = (Wert)	Serienkapazität
LS = (Wert)	Serieninduktivität
XS = (Wert)	Serienblindwiderstand
U = (Wert)	Betrag einer in Serie geschalteten idealen Spannungsquelle
PHI= (Wert)	Phasenwinkel der in Serie geschalteten idealen Spannungsquelle

Diese Makroanweisungen bewirken in einem Programm zunächst, daß der Zweipol A in eine Ersatzspannungsquelle umgewandelt wird, wenn er nicht bereits als Ersatzspannungsquelle vorliegt. Dann wird eine der in der Tabelle 2 angegebenen Reihenschaltungen durchgeführt.

Für die positiven Zählrichtungen der Quellenspannungen und -ströme gelten die Festlegungen in Bild 6.

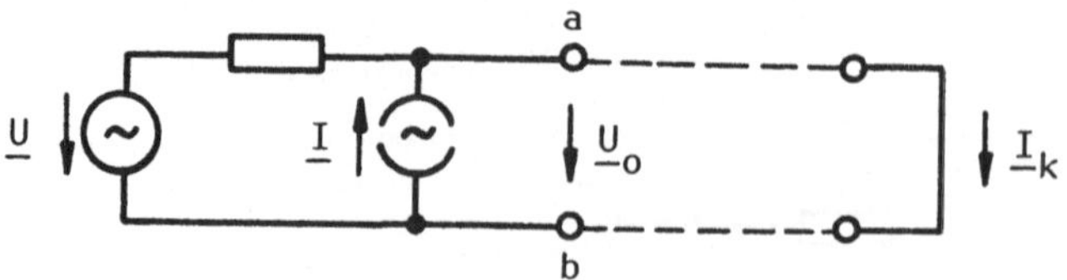

Bild 6: Positive Zählrichtungen für Quellenspannung und Quellenstrom in einem Zweig

Durch eine beliebige Folge der angegebenen Makroanweisungen können solche Zweipole vollständig reduziert werden, die sich auf eine fortgesetzte Reihenparallelschaltung zurückführen lassen. Im folgenden Beispiel wird dieses Konzept veranschaulicht.

Beispiel 2

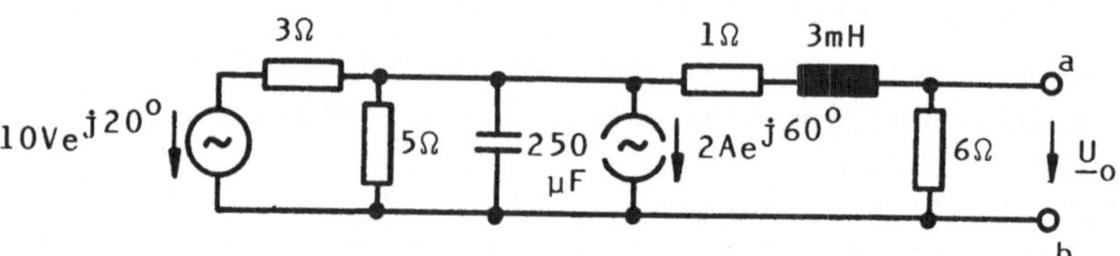

Die Schaltung soll zu einer Ersatzquelle bezüglich der Klemmen a,b reduziert werden.

Der rechnerunabhängige Algorithmus lautet:

U = 10V	I = -2A
PHI = 20°	PHI = 60°
RS = 3Ω	RS = 1Ω
RP = 5Ω	LS = 3mH
CP = 250µF	RP = 6Ω

In der folgenden Tabelle wird ausführlich erläutert, welche Wirkungen die einzelnen Anweisungen des Algorithmus in dem betrachteten Beispiel für die Frequenz ω=1000 1/s haben. Aus der Schlußzeile entnimmt man die Daten der Ersatzquelle bezüglich der Klemmen a,b

$$\underline{I}_k = 0{,}142A - j1{,}09A$$

$$\underline{Y}_o = 0{,}385\ \frac{1}{\Omega} - j0{,}20\ \frac{1}{\Omega}$$

Algorithmus	$\underline{UI}=\underline{U}_o, \underline{I}_k$	$\underline{ZY}=\underline{Z}_o, \underline{Y}_o$	Erläuterungen
	0	0	Der Anfangsstatus des Zweipols A ist nicht definiert
U=10V PHI=20°	9,40V +j3,42V	0	Der Status des Zweipols A wird als Ersatzspannungsquelle gesetzt. Dann wird eine Spannungsquelle von 10V/$\underline{20}^o$ in Serie geschaltet, indem sie zu $\underline{U}_o$ addiert wird.
RS=3Ω	9,40V +j3,42V	3Ω	Ein Widerstand von 3Ω wird in Serie geschaltet, indem er zu $\underline{Z}_o$ addiert wird.
RP=5Ω	3,13A +j1,14A 3,13A +j1,14A	0,33 $\frac{1}{\Omega}$ 0,53 $\frac{1}{\Omega}$	a) Die Ersatzspannungsquelle wird in eine Ersatzstromquelle umgewandelt, b) Ein Leitwert von 1/5Ω wird parallel geschaltet, indem er zu $\underline{Y}_o$ addiert wird.
CP=250μF	3,13A +j1,14A	0,53 $\frac{1}{\Omega}$ +j0,25 $\frac{1}{\Omega}$	Eine Kapazität von 250μF wird parallel geschaltet. Der entsprechende Blindleitwert von j0,25 1/Ω wird zu $\underline{Y}_o$ addiert.
I=-2A PHI=60°	2,13A -j0,59A	0,53 $\frac{1}{\Omega}$ +j0,25 $\frac{1}{\Omega}$	Eine Stromquelle von -2A/$\underline{60}^o$ wird parallel geschaltet, indem sie zu $\underline{I}_k$ addiert wird. Bezüglich des Vorzeichens der Stromquelle vergl. Bild 6.
RS=1Ω	2,85V -j2,45V 2,85V -j2,45V	1,54Ω -j0,72Ω 2,54Ω -j0,72Ω	a) Die Ersatzstromquelle wird in eine Ersatzspannungsquelle umgewandelt. b) Ein Widerstand von 1Ω wird in Serie geschaltet, indem er zu $\underline{Z}_o$ addiert wird.
LS=3mH	2,85V -j2,45V	2,54Ω +j2,28Ω	Eine Induktivität von 3mH wird in Serie geschaltet. Der entsprechende Blindwiderstand von j3Ω wird zu $\underline{Z}_o$ addiert.
RP=6Ω	0,142A -j1,09A 0,142A -j1,09A	0,218 $\frac{1}{\Omega}$ -j0,20 $\frac{1}{\Omega}$ 0,385 $\frac{1}{\Omega}$ -j0,20 $\frac{1}{\Omega}$	a) Die Ersatzspannungsquelle wird in eine Ersatzstromquelle umgewandelt, b) Ein Leitwert von 1/6Ω wird parallel geschaltet, indem er zu $\underline{Y}_o$ addiert wird.

2.3.2. Einführung von Zwischenspeichern

Das Konzept der Reduktion eines Zweipols kann dadurch erweitert werden, daß teilweise reduzierte Zweipole zwischengespeichert werden. Bereits die einfache Schaltung in Bild 7 zeigt die Notwendigkeit der Zwischenspeicherung.

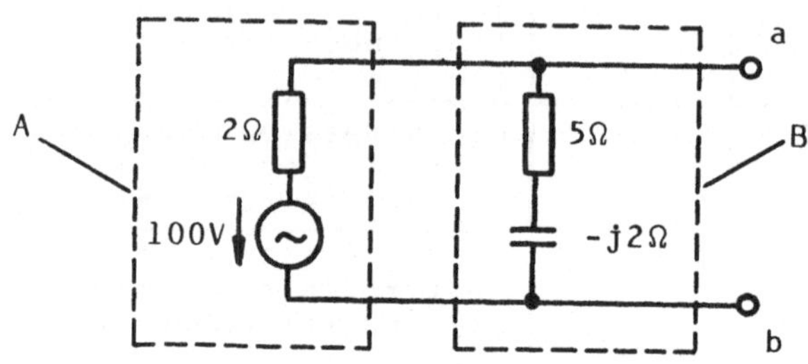

Bild 7: Parallele Zweipole A und B

Die Schaltung soll in eine Ersatzquelle bezüglich der Klemmen a,b umgewandelt werden. Das Prinzip der fortgesetzten Reihenparallelschaltung führt hier nicht zur vollständigen Reduktion. Hier müssen die Zweipole A und B getrennt aufgebaut und dann parallel geschaltet werden. Beginnt man mit der Reduktion des Zweipols A, dann muß dieser zwischengespeichert werden, damit der Arbeitsspeicher für die Reduktion des Zweipols B frei wird. Entsprechendes gilt für die Reihenschaltung zweier Zweipole.

Für die meisten Schaltungen genügt es, mit drei Speichern A, B und C zu arbeiten. In jedem dieser Speicher sind jeweils alle Daten eines Zweipols abgespeichert. Jeder Speicher muß also vier Daten aufnehmen, und zwar die Real- und Imaginärteile der idealen Quelle und des Innenwiderstandes. In Bild 8 ist der Datenfluß der Speicher dargestellt. In dem Arbeitspeicher A werden die Operationen ausgeführt, die als fortgesetzte Reihenparallelschaltung im Abschnit 2.3.1. beschrieben wurden. Der Speicher B enthält den Zweipol, der zum Zweipol im Speicher A entweder in Serie oder parallel geschaltet wird. Der Speicher C ist ein reiner Zwischenspeicher.

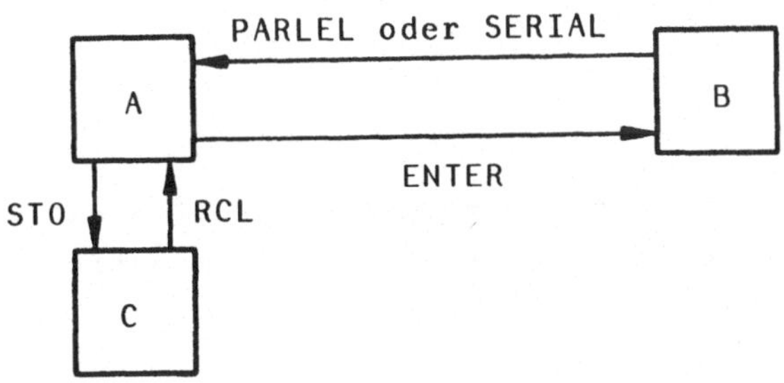

Bild 8: Datenfluß der Speicher

Mit den rechnerunabhängigen Makroanweisungen der Tabelle 3 wird der Datenfluß der Speicher beschrieben.

Tabelle 3: Speicherrelevante Makroanweisungen

ENTER	Der Inhalt des Speichers A wird nach B umgespeichert, und dann wird A gelöscht. Damit ist A frei für den Beginn einer neuen Reihenparallelschaltung.
PARLEL	Die Zweipole, die sich in den Speichern A und B befinden, werden parallel geschaltet, indem ihre Kurzschlußströme $\underline{I}_k$ und ihre Innenleitwerte $\underline{Y}_o$ addiert werden. Der resultierende Zweipol befindet sich im Speicher A.
SERIAL	Die Zweipole, die sich in den Speichern A und B befinden, werden in Serie geschaltet, indem ihre Leerlaufspannungen $\underline{U}_o$ und ihre Innenwiderstände $\underline{Z}_o$ addiert werden. Der resultierende Zweipol befindet sich im Speicher A.
STO	Der Inhalt des Speichers A wird nach C umgespeichert. A bleibt erhalten.
RCL	Zunächst wird der Inhalt von A nach B umgespeichert und dann der Inhalt von C nach A.

Die Reduktion der Schaltung in Bild 7 läßt sich jetzt rechnerunabhängig durch den folgenden Algorithmus formulieren:

U = 100V
RS = 2Ω
ENTER
RS = 5Ω
XS = -2Ω
PARLEL

Nach der Durchrechnung des Algorithmus befindet sich der reduzierte Zweipol mit den Klemmen a,b im Speicher A und hat die Werte:

$$\underline{I}_k = 50A \quad \text{und} \quad \underline{Y}_o = 0,68 \frac{1}{\Omega} e^{j5,9^o}$$

2.3.3. Widerstandsberechnung

Jede Widerstandsberechnung wird zurückgeführt auf die Berechnung des Innenwiderstandes einer Ersatzzweipolquelle. Dies gilt auch für den Sonderfall, daß alle Quellen des Zweipols gleich Null sind. Für die Ausgabe des Widerstandes $\underline{Z}_o$ wird die Makroanweisung OUT Z verwendet. Sie bewirkt, daß zunächst der reduzierte Zweipol im Speicher A in eine Ersatzspannungsquelle umgewandelt wird, wenn er nicht bereits als Ersatzspannungsquelle vorliegt. Dann wird der Betrag und der Phasenwinkel von $\underline{Z}_o$ ausgegeben. Auch diese Makroanweisung ist rechnerunabhängig.

Beispiel 3

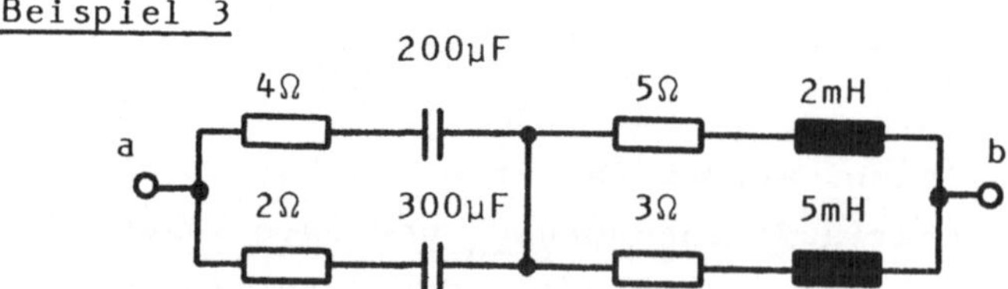

Der Gesamtwiderstand $\underline{Z}$ des Zweipols bezüglich der Klemmen a,b soll für die Frequenz ω= 1000 1/s bestimmt werden. Der rechnerunabhängige Algorithmus lautet:

RS = 4Ω	STO	LS = 5mH
CS = 200µF	ENTER	PARLEL
ENTER	RS = 5Ω	RCL
RS = 2Ω	LS = 2mH	SERIAL
CS = 300µF	ENTER	OUT Z
PARLEL	RS = 3Ω	

mit dem Ergebnis $\underline{Z} = 3,63\,\Omega\, e^{-j2^o}$.

2.3.4. Spannungsberechnung

Jede Spannungsberechnung wird mit der Reduktionsmethode auf die Berechnung der Leerlaufspannung $\underline{U}_o$ einer Ersatzquelle zurückgeführt. Für die Ausgabe der Spannung $\underline{U}_o$ wird die Makroanweisung OUT U verwendet. Sie bewirkt, daß zunächst der reduzierte Zweipol im Speicher A in eine Ersatzspannungsquelle umgewandelt wird, wenn er nicht bereits als Ersatzspannungsquelle vorliegt. Dann wird der Betrag und der Phasenwinkel von $\underline{U}_o$ ausgegeben.

Beispiel 4

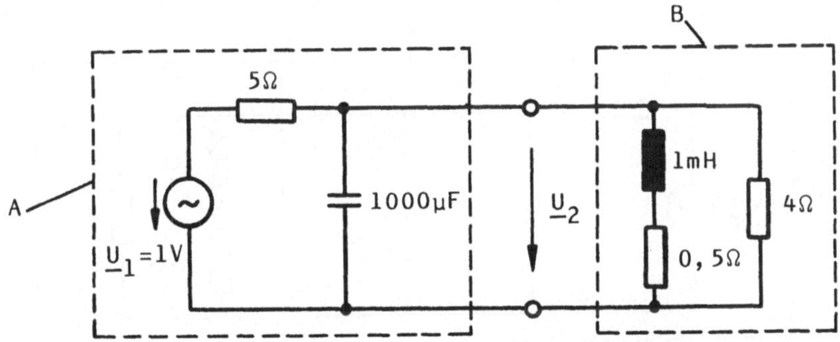

Es soll die Klemmenspannung des Zweipols A bei Belastung mit dem Zweipol B bestimmt werden. Die Spannung $\underline{U}_2$ kann als Leerlaufspannung einer Ersatzquelle betrachtet werden, die sich durch Reduktion der parallel geschalteten Zweipole A und B ergibt.

Der rechnerunabhängige Algorithmus lautet:

```
U = 1V              LS = 1mH
RS = 5Ω             RP = 4Ω
CP = 1000µF         PARLEL
ENTER               OUT U
RS = 0,5Ω
```

Das Ergebnis der Durchrechnung des Algorithmus mit der Frequenz ω= 1000 1/s ist ein Zweipol mit der Leerlaufspannung:

$$\underline{U}_o = \underline{U}_2 = 0,229\text{V } e^{-j13,2^o}$$

2.3.5. Stromberechnung

Jede Stromberechnung mit der Reduktionsmethode wird auf die Berechnung des Kurzschlußstromes $\underline{I}_k$ einer Ersatzquelle zurückgeführt. Für die Ausgabe des Stromes $\underline{I}_k$ wird die Makroanweisung OUT I verwendet. Sie bewirkt, daß zunächst der reduzierte Zweipol im Speicher A in eine Ersatzstromquelle umgewandelt wird, wenn er nicht bereits als Ersatzstromquelle vorliegt. Dann wird der Betrag und Phasenwinkel von $\underline{I}_k$ ausgegeben.

Beispiel 5

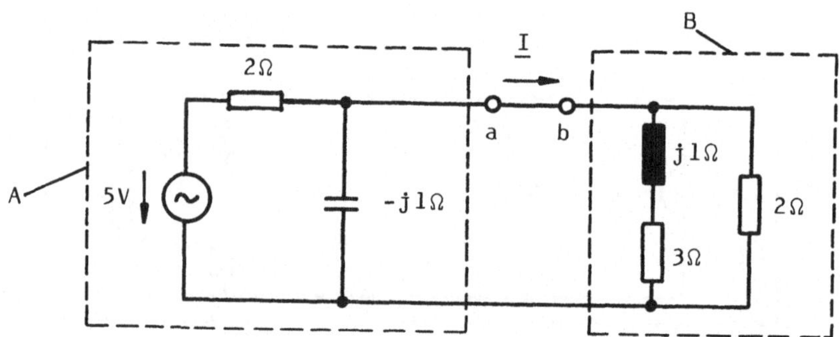

Es soll der Laststrom des Zweipols A bei Belastung mit dem Zweipol B bestimmt werden. Dieser Strom $\underline{I}$ kann als Kurzschlußstrom eines Zweipols mit den Klemmen a,b betrachtet werden, der durch Serienschaltung des Zweipols A mit dem Zweipol B entsteht.

Der Algorithmus lautet:

```
U = 5V          XS = 1Ω
RS = 2Ω         RP = 2Ω
XP = -1Ω        SERIAL
ENTER           OUT I
RS = 3Ω
```

Das Ergebnis der Durchrechnung des Algorithmus ist ein Zweipol mit dem Kurzschlußstrom:

$$\underline{I}_k = \underline{I} = 1,28\text{A}\, e^{-j41,8^\circ}$$

2.3.6. Verlegung von Spannungsquellen

Hat eine Spannungsquelle keinen Reihenwiderstand, dann kann sie mit (2) nicht reduziert werden. Hier hilft eine Verlegung der Spannungsquelle. Eine Spannungsquelle wird verlegt, indem sie über einen Knoten in alle benachbarten Zweige verschoben wird (Bild 9).

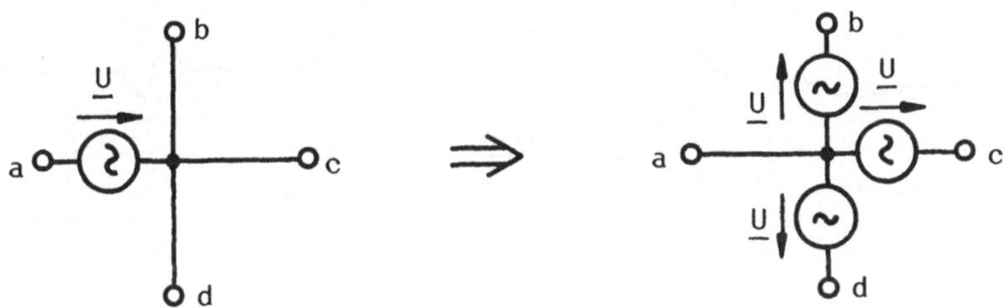

Bild 9: Verlegung einer Spannungsquelle

Die Kirchhoffsche Maschenregel ergibt, daß sich an den Potentialdifferenzen zwischen den Knoten a,b,c und d in Bild 9 nach der Verlegung nichts geändert hat.

Beispiel 6

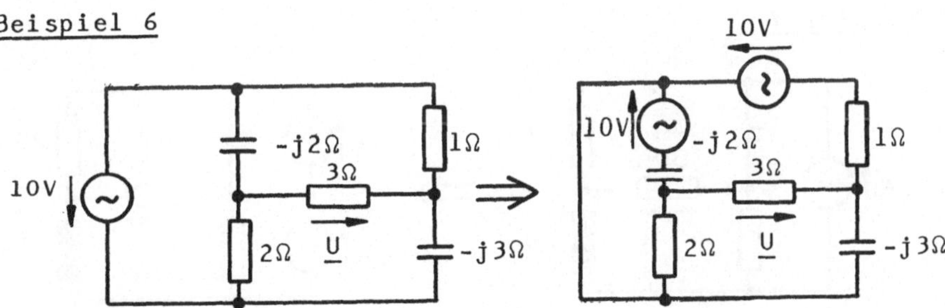

Gesucht ist die Spannung $\underline{U}$ im Brückenzweig. Nach der Verlegung der Spannungsquelle hat jede Spannungsquelle einen Serienwiderstand. Der Reduktionsalgorithmus lautet:

```
U = 10V          RS = 1Ω
XS = -2Ω         XP = -3Ω
RP = 2Ω          SERIAL
ENTER            RP = 3Ω
U = -10V         OUT U
```

Das Ergebnis der Durchrechnung des Algorithmus lautet:

$$\underline{U} = 5{,}29\text{V}\, e^{j131^{\circ}}$$

2.3.7. Verlegung von Stromquellen

Hat eine ideale Stromquelle keinen Parallelwiderstand, dann kann sie mit (1) nicht reduziert werden. Hier hilft eine Verlegung der Stromquelle. Eine Stromquelle wird verlegt, indem sie vervielfacht wird und dann mit beliebigen Knoten des Netzwerks verbunden wird (Bild 10).

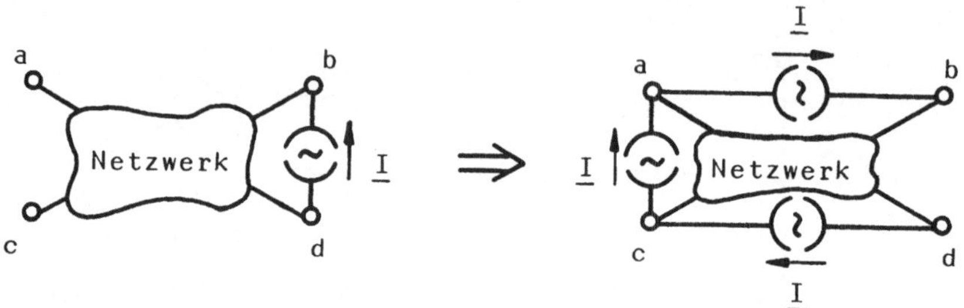

Bild 10: Verlegung einer Stromquelle

Die Kirchhoffsche Knotenregel ergibt, daß sich an den Stromverhältnissen der Klemmen a,b,c und d nichts geändert hat.

Beispiel 7

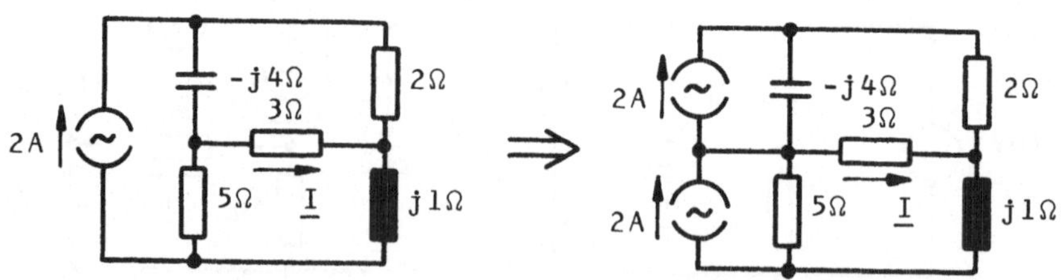

Gesucht ist der Strom $\underline{I}$ im Brückenzweig. Nach der Verlegung der Stromquelle hat jede Stromquelle einen Parallelwiderstand. Der Reduktionsalgorithmus lautet:

```
I = -2A          RP = 5Ω
XP = -4Ω         XS = 1Ω
RS = 2Ω          PARLEL
ENTER            RS = 3Ω
I = 2A           OUT I
```

Das Ergebnis der Durchrechnung des Algorithmus lautet:

$$\underline{I} = 0{,}272\text{A}\, e^{j37{,}7^\circ}$$

2.4. Realisierung auf dem HP-41C

Der im Abschnitt 2.3. beschriebene Reduktionsalgorithmus ist grundsätzlich rechnerunabhängig. Jetzt wird für den programmierbaren Taschenrechner HP-41C gezeigt, wie er realisiert werden kann.

2.4.1. Bedienungsanleitung für das Reduktionsprogramm

Die Arbeitsweise des HP-41C wird als bekannt vorausgesetzt (siehe |2|). Zum besseren Verständnis der Bedienungsanleitung soll jedoch auf eine Eigenschaft dieses Rechners hingewiesen werden, die in ähnlicher Weise auch andere programmierbare Taschenrechner haben, nämlich die Möglichkeit der Tastenbelegung.

Der HP-41C verfügt über fünfzehn lokale ALPHA-Marken (Labels), die eine Sonderfunktion haben. Diese fünfzehn Marken sind LBL A bis LBL J und LBL a bis LBL e. Wenn sich der HP-41C im USER-Modus befindet und eine der Tasten in den oberen zwei Reihen (Tasten A bis J) oder die Umschalttaste <u>und</u> eine Taste in der obersten Reihe (Tasten a bis e) gedrückt wird, sucht der Rechner sofort nach der entsprechenden lokalen Marke innerhalb des augenblicklichen Programms. Wird die Marke gefunden, dann wird die Programmausführung bei dieser Marke fortgesetzt. Die lokalen ALPHA-Marken sind also den oberen zwei Tastenreihen im USER-Modus fest zugeordnet. Daher können mit den oberen zwei Tastenreihen Unterprogramme aufgerufen werden, z.B. für die Eingabe von Daten oder für die Steuerung des Programmablaufs. Hiervon wird in dem vorliegenden Programm Gebrauch gemacht in der Weise, daß für die Eingabe der Makroanweisungen jeder Makroanweisung eine Taste zugeordnet ist. Da die Anzahl der vorhandenen fünfzehn ALPHA-Marken nicht ausreicht, werden zusätzlich die numerischen Marken LBL 01 bis LBL 10 verwendet. Wird z.B. die Taste XEQ und danach die Taste 01 gedrückt, dann wird die Ausführung des Programms bei der Marke LBL 01 fortgesetzt. Die Tasten 01 bis 10 sind nach Betätigen von XEQ ebenfalls die Tasten der oberen zwei Tastenreihen.

Tabelle 4: Bedienungsanleitung für das Programm RED

Nr.	Anweisung	Wert	Funktion	Anzeige
1	Start RED		XEQ RED	INPUT:
2	Eingabe des Makroprogramms:			
	Serienwiderstand	R	A	RS=(R)
	Parallelwiderstand	R	a	RP=(R)
	Serienkapazität	C	B	CS=(C)
	Parallelkapazität	C	b	CP=(C)
	Serieninduktivität	L	C	LS=(L)
	Parallelinduktivität	L	c	LP=(L)
	Serienblindwiderstand	X	D	XS=(X)
	Parallelblindwiderstand	X	d	XP=(X)
	Spannungsquelle in Serie	U	XEQ 01	U=(U)
	Phasenwinkel der Spannungsquelle (kann fortgelassen werden, wenn Φ=0)	ϕ	XEQ 03	PHI=(ϕ)
	parallele Stromquelle	I	XEQ 02	I=(I)
	Phasenwinkel der Stromquelle (kann fortgelassen werden, wenn ϕ=0)	ϕ	XEQ 03	PHI=(ϕ)
	Umspeichern Zweipolspeicher A → B und Löschen A		E	ENTER
	Parallelschalten A und B		XEQ 04	PARLEL
	In Serie schalten A und B		XEQ 05	SERIAL
	Umspeichern Zweipolspeicher A → C		XEQ 09	STO
	Umspeichern Zweipolspeicher A → B und C → A		XEQ 10	RCL
	Anzeige der Leerlaufspannung $\underline{U}_o$		XEQ 06	OUT U
	Anzeige des Kurzschlußstromes $\underline{I}_k$		XEQ 07	OUT I
	Anzeige des Innenwiderstandes $\underline{Z}_o$		XEQ 08	OUT Z
	Anmerkung: XEQ 03 darf nur nach XEQ 01 oder XEQ 02 erfolgen, ansonsten ist die Reihenfolge beliebig.			
3	Start des Reviewprogramms, Kontrolle der Schaltung		e	INPUT:

Nr.	Anweisung	Wert	Funktion	Anzeige
4	Vorwärtslauf des Reviewprogramms um eine Makroanweisung. Dieser Schritt entfällt, wenn ein Drucker benutzt wird. In diesem Fall wird das gesamte Makroprogramm im Schritt 3 gedruckt		R/S	wie im Schritt 2
5	Rückwärtslauf des Reviewprogramms um eine Makroanweisung.		H	wie im Schritt 2
	Anmerkung: durch kombinierte Ausführung von Schritt 4 und 5 kann das Reviewprogramm genau auf die Makroanweisung positioniert werden, die vor einer zu ändernden Makroanweisung steht. Dann kann im Schritt 2 die geänderte Makroanweisung eingegeben werden.			
6	Eingabe der Frequenz f	f	F	W=(2πf)
7	Eingabe der Kreisfrequenz	ω	G	W=(ω)
	Anmerkung: Schritte 6 und 7 können entfallen für Schaltungen ohne L und C			
8	Start der Rechnung, die Anzeige erscheint bei Ausführung der Makroanweisungen OUT U, OUT I und OUT Z.		J	$U=(U_o)$ $I=(I_k)$ $Z=(Z_o)$
	Ausgabe des zugehörigen Phasenwinkels.		R/S	PHI=(ϕ)
9	Fortsetzung der Rechnung		R/S	wie im Schritt 8
10	Start des Plotprogramms (siehe Tabelle 7)		I	BODE ?
	Bode-Diagramm	1	R/S	PHI ?
	oder linearer Maßstab	0	R/S	PHI ?
	Plotten des Phasenganges	1	R/S	NAME ?
	oder des Amplitudenganges	0	R/S	NAME ?
	obligatorische Antwort	UP	R/S	Y MIN ?
	Minimaler Wert auf y-Achse	y_{min}	R/S	Y MAX ?
	Maximaler Wert auf y-Achse	y_{max}	R/S	AXIS ?
	y-Koordinate der x-Achse	axis	R/S	X MIN ?
	Minimaler Wert auf x-Achse	x_{min}	R/S	X MAX ?
	Maximaler Wert auf x-Achse	x_{max}	R/S	X INC ?
	Schrittweite auf x-Achse Nach R/S wird geplottet	Δx	R/S	

Die Schritte in der Tabelle 4 können in den verschiedensten Reihenfolgen ausgeführt werden. In der Tabelle 5 sind einige typische Arbeitsweisen des Programms zusammengestellt.

Tabelle 5: Verschiedene Arbeitsweisen des Programms RED

Nr.	Anweisung	Drucker
	Frequenzgang numerisch:	
1	Start RED	AUS
2	Eingabe des Makroprogramms	AUS
6	Eingabe einer Frequenz	EIN oder AUS
8	Start der Rechnung (Taste J)	EIN oder AUS
6	Eingabe einer neuen Frequenz	EIN oder AUS
8	Start der Rechnung (Taste J)	EIN oder AUS
6	usw.	
	Einfluß eines Schaltungsparameters:	
1	Start RED	AUS
2	Eingabe des Makroprogramms	AUS
6	Eingabe einer Frequenz	EIN oder AUS
8	Start der Rechnung (Taste J)	EIN oder AUS
3	Start des Reviewprogramms und Ändern Schaltungsparameter	AUS
8	Start der Rechnung (Taste J)	EIN oder AUS
3	usw.	
	Plotten Frequenzgang:	
1	Start RED	AUS
2	Eingabe des Makroprogramms	AUS
10	Start des Plotprogramms (Taste I) (z.B. Amplitudengang)	EIN
10	Start des Plotprogramms (Taste I) (z.B. Phasengang)	EIN
	Drucken Makroprogramm:	
1	Start RED	AUS
2	Eingabe des Makroprogramms	AUS
3	Start des Reviewprogramms	EIN
	Anmerkung: bei eingeschaltetem Drucker erfolgt kein STOP nach der Anzeige einer Makroanweisung. Daher muß bei der Eingabe des Makroprogramms und bei der Benutzung des Reviewprogramms für Änderungen des Makroprogramms der Drucker ausgeschaltet sein.	

Als Beispiel für die Benutzung der Bedienungsanleitung wird das Beispiel 4 (Seite 15) betrachtet.

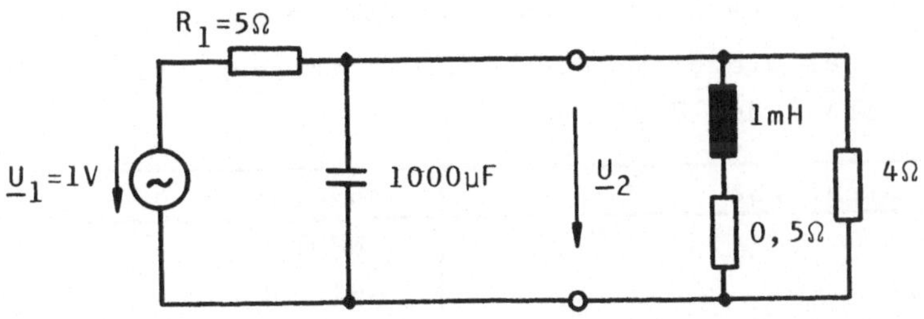

Zunächst soll das Makroprogramm (siehe Beispiel 4) eingegeben werden. Die Spannung $\underline{U}_2$ soll für die Frequenzen ω=1000 1/s und ω=2000 1/s berechnet werden. Die folgende Tabelle zeigt den Ablauf der Bedienung.

Tastenfolge	Anzeige
XEQ RED	INPUT:
1 XEQ 01	U=1.00E0
5 A	RS=5.00E0
1000 EEX CHS 6 b	CP=1.00E-3
E	ENTER
0.5 A	RS=500.E-3
1 EEX CHS 3 C	LS=1.00E-3
4 a	RP=4.00E0
XEQ 04	PARLEL
XEQ 06	OUT U
1000 G	W=1.00E3
J	U=229.E-3
R/S	PHI=-13.2E0
2000 G	W=2.00E3
J	U=123.E-3
R/S	PHI=-69.6E0

Das Ergebnis ist also:

$\underline{U}_2 = 0{,}229\text{V}\ e^{-j13{,}2^\circ}$ für ω=1000 1/s

$\underline{U}_2 = 0{,}123\text{V}\ e^{-j69{,}6^\circ}$ für ω=2000 1/s

Jetzt soll der Einfluß einer Änderung des Widerstandes $R_1=5\Omega$ auf die Spannung $\underline{U}_2$ berechnet werden. Der Widerstand R_1 wird auf 4Ω und dann auf 3Ω geändert. Die Frequenz sei wieder $\omega=1000$ 1/s. Die folgende Tabelle zeigt den Ablauf der Bedienung.

Tastenfolge	Anzeige
e	INPUT:
R/S	U=1.00E0
R/S } kann auch entfallen	RS=5.00E0
H } kann auch entfallen	U=1.00E0
4 A	RS=4.00E0
1000 G	W=1.00E3
J	U=271.E-3
R/S	PHI=-12.5E0
e	INPUT:
R/S	U=1.00E0
3 A	RS=3.00E0
J	U=332.E-3
R/S	PHI=-11.5E0

Das Ergebnis ist:

$$\underline{U}_2 = 0{,}271\text{V } e^{-j12{,}5^\circ} \qquad \text{für } R_1=4\Omega$$

$$\underline{U}_2 = 0{,}332\text{V } e^{-j11{,}5^\circ} \qquad \text{für } R_1=3\Omega$$

Jetzt soll der Amplitudengang und der Phasengang des Spannungsverhältnisses $\underline{U}_2/\underline{U}_1$ in der Form des Bode-Diagramms (siehe Tabelle 7) geplottet werden. Für $\underline{U}_1=1$V ist $\underline{U}_2/\underline{U}_1$ gleich dem Zahlenwert von $\underline{U}_2$. Die Frequenz soll von $\lg\omega=1{,}4$ bis $\lg\omega=4{,}6$ mit der Schrittweite $\Delta\lg\omega=0{,}2$ laufen. Es wird also ein Frequenzbereich von $\omega=25$ 1/s bis $\omega=39800$ 1/s erfaßt.

Der Widerstand R_1 wird wieder gleich 5Ω gesetzt. Die folgende Tabelle zeigt den Ablauf der Bedienung. Der Maßstab der y-Achse muß natürlich geschätzt oder ausprobiert werden.

Tastenfolge	Anzeige
e	INPUT:
R/S	U=1.00E0
5 A	RS=5.00E0
I	BODE ?
1 R/S	PHI ?
0 R/S	NAME ?
UP R/S	Y MIN ?
50 CHS R/S	Y MAX ?
0 R/S	AXIS ?
0 R/S	X MIN ?
1.4 R/S	X MAX ?
4.6 R/S	X INC ?
0.2 R/S	keine, Drucker plottet
I	BODE ?
1 R/S	PHI ?
1 R/S	NAME ?
UP R/S	Y MIN ?
100 CHS R/S	Y MAX ?
30 R/S	AXIS ?
0 R/S	X MIN ?
1.4 R/S	X MAX ?
4.6 R/S	X INC ?
0.2 R/S	keine, Drucker plottet

Die folgenden Druckerschriebe zeigen den Amplitudengang und den Phasengang.

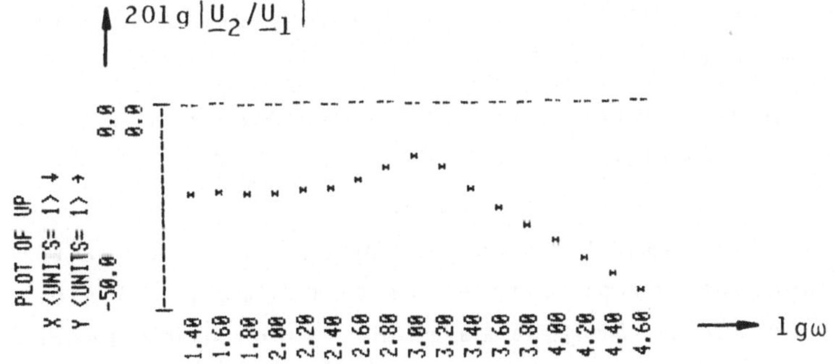

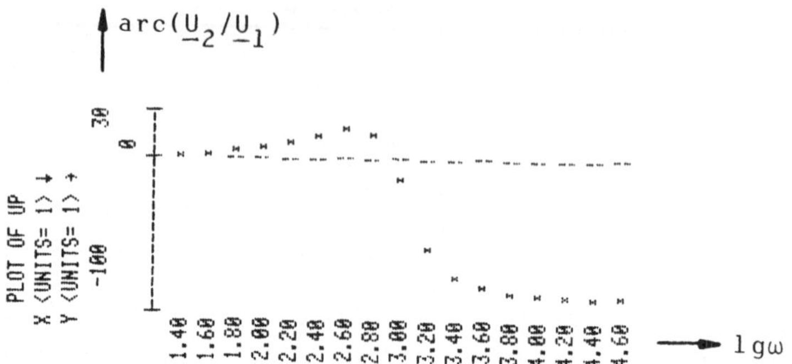

Abschließend soll das Makroprogramm auf dem Drucker ausgegeben werden.

Tastenfolge	Anzeige
e	keine, der Drucker schreibt

```
XEQ e

INPUT:
U=1.00E0
RS=5.00E0
CP=1.00E-3
ENTER
RS=500.E-3
LS=1.00E-3
RP=4.00E0
PARLEL
OUT U
```

2.4.2. Allgemeine Programmbeschreibung

Das Programm RED besteht aus zwei Teilen, der Eingabe-Routine (Zeile 001 bis 161 der Programmauflistung) und der Rechen-Routine (Zeile 162 bis END).

Vor Beginn der Rechnung wird zunächst die Schaltung in der Form des Reduktionsalgorithmus im Rechner abgespeichert (Schritt 1 und 2 der Tabelle 4). Jeder Makroanweisung ist eine Taste zugeordnet (Tabellen 4 und 6). Die Betätigung der entsprechenden Taste bewirkt, daß ein numerischer Code für jede Makroanweisung in den Rechner gelangt (Zeile 76 der Programmauflistung). Die Makroanweisungen werden also nicht in ihrer alphanumerischen

Form, sondern in einem speziellen numerischen Code gespeichert. Z.B. wird für die Makroanweisung RS der Code 01 verwendet. Sämtliche Makroanweisungen mit den zugeordneten Tasten sowie dem internen Code sind in der Tabelle 6 zusammengestellt. Die Schaltung wird in der Reihenfolge im Rechner aufgebaut, in welcher die Makroanweisungen eingegeben werden (siehe Speicherplan Tabelle 8). Makroanweisungen ohne Wert (z.B. PARLEL) benötigen ein Register, Makroanweisungen mit Wert (z.B. RS=Wert) zwei Register.

Tabelle 6: Tastenzuordnungen für Makroanweisungen

Makroanweisung	Tastenzuordnung	interner Code
RS	A	1
RP	a	2
CS	B	3
CP	b	4
LS	C	5
LP	c	6
XS	D	7
XP	d	8
U	XEQ 01	9
I	XEQ 02	10
PHI	XEQ 03	11
ENTER	E	24
PARLEL	XEQ 04	17
SERIAL	XEQ 05	19
STO	XEQ 09	18
RCL	XEQ 10	16
OUT U	XEQ 06	20
OUT I	XEQ 07	21
OUT Z	XEQ 08	22

Während der Eingabe und des Ablaufs des Reviewprogramms (Teil der Eingabe-Routine) werden die Makroanweisungen in ihrer alphanumerischen Form in der Anzeige des Rechners sichtbar gemacht (siehe Bedienungsanleitung). Programmtechnisch geschieht dies z.B. für die Makroanweisung LP, indem über den numerischen Code 06 der Makroanweisung LP die im Register 06 abgespeicherte Vokabel LP in die Anzeige geholt wird (siehe LBL 71 der Programmauflistung).

Nachdem das Makroprogramm im Rechner gespeichert ist, kann die Rechnung gestartet werden. Falls die Schaltung Kapazitäts- und Induktivitätswerte enthält, muß vorher eine Frequenz gewählt werden (siehe Bedienungsanleitung). In der Rechenphase werden die Makroanweisungen in der Reihenfolge ausgeführt, wie sie im Speicher stehen. Dabei bewirkt jede Makroanweisung einen Sprung in ein Unterprogramm (siehe LBL 61). Die Nummer dieses Unterprogramms ist identisch mit dem internen Code der Makroanweisung. Diese Unterprogramme führen im wesentlichen das aus, was im Beispiel 2 (Seite 11) erläutert wurde. Der an dem Programmaufbau interessierte Leser kann mit der Tabelle 6 leicht feststellen, an welcher Stelle in der Programmauflistung eine Makroanweisung verarbeitet wird. Z.B. wird die Eingabe der Makroanweisung PARLEL bei LBL 04 der Eingabe-Routine und die Ausführung bei LBL 17 der Rechen-Routine verarbeitet.

Für den Zweipolspeicher A sind die Register R13 bis R16 vorgesehen (siehe Speicherplan Tab. 8). In diesen Registern erfolgt die Umrechnung in eine äquivalente Ersatzquelle (LBL 50 und LBL 51). Der Status des Zweipolspeichers A wird mit dem Flag 01 gekennzeichnet. Ist es gesetzt, dann befindet sich in A eine Ersatzspannungsquelle; ist es gelöscht, dann befindet sich in A eine Ersatzstromquelle. In den Zweipolspeichern B und C wird die Ersatzquelle immer als Ersatzstromquelle gespeichert. Dies hat programmtechnische Vorteile (keine Abfrage zusätzlicher Flags erforderlich).

Ein Drucker ermöglicht das Plotten des Frequenzganges. Die Plot-Funktion kann in den in der Tabelle 7 angegebenen Varianten ausgegeben werden, wenn in dem Makroprogramm die Ausgabeanweisung z.B. OUT U lautet. Entsprechende Ausgaben erfolgen mit den Makroanweisungen OUT I und OUT Z.

Tabelle 7: Plot-Funktionen für OUT U

BODE ?	PHI ?	Funktion
nein	nein	$\lvert \underline{U} \rvert = f(\omega)$
nein	ja	$\phi = f(\omega)$ in Grad
ja	nein	$20 \lg \lvert \underline{U} \rvert = f(\lg\omega)$
ja	ja	$\phi = f(\lg\omega)$ in Grad

Für das Plot-Programm wird das im Printer vorhandene PRPLOT-Programm verwendet, das vom Reduktionsprogramm aufgerufen wird. Das PRPLOT-Programm wiederum ruft den Rechenteil des Reduktionsprogramms mit dem Namen UP als Unterprogramm auf.

2.4.3. Verwendung als Unterprogramm

Nach der Eingabe der Schaltung (des Makroprogramms) kann der Rechenteil des Reduktionsprogramms als Unterprogramm benutzt werden. Der Aufruf erfolgt durch XEQ UP. Die Frequenz ω muß sich im X-Register befinden und wird dem Programm als Parameter zur Verfügung gestellt. Nach dem Rücksprung steht der Betrag des Ergebnisses im X-Register und der Phasenwinkel des Ergebnisses im Y-Register.

2.4.4. Speicherbelegung

In der Tabelle 8 ist die Speicherbelegung für die Rechenphase des Reduktionsprogramms angegeben. Die Register RØØ bis R11 werden vom PRPLOT-Programm des Printers benötigt und stehen daher dem Rechenprogramm nicht zur Verfügung. Während des Ablaufs des Eingabeprogramms und des Review-Programms stehen zum Zwecke der Alpha-Anzeige der Makroanweisungen in den Registern bis R24 die Alpha-Bezeichnungen der Makroanweisungen. Die Register sind also doppelt belegt.

Der Speicher für das Makroprogramm beginnt mit dem Register R26. In ihm ist für jede Makroanweisung ein numerischer Code gespeichert (siehe Tabelle 6). Die mögliche Länge eines Makroprogramms ist nur abhängig von der Speicherkapazität des Rechners.

Tabelle 8: Speicherbelegung für die Rechenphase

RØØ – R11	für PRPLOT reserviert
R12	Frequenz ω
R13	Re U,I — Zweipolspeicher A
R14	Im U,I — Zweipolspeicher A
R15	Re Z,Y — Zweipolspeicher A
R16	Im Z,Y — Zweipolspeicher A
R17	Re U,I — Zweipolspeicher B
R18	Im U,I — Zweipolspeicher B
R19	Re Z,Y — Zweipolspeicher B
R2Ø	Im Z,Y — Zweipolspeicher B
R21	Re U,I — Zweipolspeicher C
R22	Im U,I — Zweipolspeicher C
R23	Re Z,Y — Zweipolspeicher C
R24	Im Z,Y — Zweipolspeicher C
R25	Indirekte Adresse der Makroanweisungen
R26	Code — Makroanweisung mit Wert
R27	Wert — Makroanweisung mit Wert
R28	Code — Makroanweisung ohne Wert
R29	Code — Makroanweisung mit Wert
R3Ø	Wert — Makroanweisung mit Wert
⋮	⋮

Tabelle 9: Belegung der Flags

SF Ø1	Ersatzspannungsquelle in Zweipolspeicher A
SF Ø2	erstes Element eines Zweipols in A
SF Ø4	Plotten BODE-Diagramm
SF Ø5	Plotten Phasenwinkel
SF Ø6	Unterprogramm-Modus des Rechenprogramms
SF Ø7	für Rücksprung aus dem Unterprogramm
SF Ø8	für Review-Programm rückwärts

2.4.5. Auflistung des Programms

01♦LBL "RED" DEG CLRG SF 27 CF 29	Start des Eingabeprogramms
06♦LBL e "RS" ASTO 01 "RP" ASTO 02 "CS" ASTO 03 "CP" ASTO 04 "LS" ASTO 05 "LP" ASTO 06 "XS" ASTO 07 "XP" ASTO 08 "U" ASTO 09 "I" ASTO 10 "PHI" ASTO 11 "ENTER" ASTO 24 "PARLEL" ASTO 17 "SERIAL" ASTO 19 "RCL" ASTO 16 "STO" ASTO 18 "OUT U" ASTO 20 "OUT I" ASTO 21 "OUT Z" ASTO 22 25.9 STO 25 "INPUT:" SF 21 AVIEW	Start des Review-Programms Das Vokabular der Makroanweisungen wird gespeichert
50♦LBL 70 ISG 25 13 RCL IND 25 X=0? STOP ABS X>Y? GTO 71 ISG 25 RCL IND 25 X<>Y	Holen der nächsten Makroanweisung aus dem Speicher
62♦LBL 71 SF 08 CLA ARCL IND X 14 X<=Y? GTO 72 CF 08 "⊢=" ENG 2 ARCL Z	Holen Vokabel der Makroanweisung
73♦LBL 72 AVIEW GTO 70	Anzeige der Makroanweisung
76♦LBL A 1 GTO 73	RS: Eingabe der Makroanweisung RS durch Taste A und Erzeugen des Codes 1
79♦LBL a 2 GTO 73	RP
82♦LBL B 3 GTO 73	CS
85♦LBL b 4 GTO 73	CP
88♦LBL C 5 GTO 73	LS
91♦LBL c 6 GTO 73	LP

94♦LBL D 7 GTO 73	XS
97♦LBL d 8 GTO 73	XP
100♦LBL 01 9 GTO 73	U
103♦LBL 02 10 GTO 73	I
106♦LBL 03 11 GTO 73	PHI
109♦LBL 04 17 GTO 73	PARLEL
112♦LBL 05 19 GTO 73	SERIAL
115♦LBL 09 18 GTO 73	STO
118♦LBL 10 16 GTO 73	RCL
121♦LBL 06 20 GTO 73	OUT U
124♦LBL 07 21 GTO 73	OUT I
127♦LBL 08 22 GTO 73	OUT Z
130♦LBL E 24	ENTER
132♦LBL 73 FS? 08 CHS ISG 25 STO IND 25 ABS 13 X<>Y X>Y? GTO 71 RCL Z ISG 25 STO IND 25 X<>Y GTO 71	Speichern einer Makroanweisung
147♦LBL H FS? 08 GTO 75 1 ST- 25	Zurücksetzen des Review-Programms um eine Makroanweisung
152♦LBL 75 2 ENTER↑ 3 RCL IND 25 X<0? RDN X<>Y ST- 25 GTO 70	

162♦LBL I DEG "BODE?" PROMPT SF 04 X=0? CF 04 "PHI?" PROMPT SF 05 X=0? CF 05 0 STO 03 XROM "PRPLOT" STOP	Start des Plot-Programms. Mit XROM PRPLOT wird ein peripheres Programm im Printer aufgerufen
178♦LBL "UP" FS? 04 10↑X STO 12 SF 06	Unterprogrammeingang des Rechenprogramms
183♦LBL 59 XEQ 65 25.9 STO 25 CF 07	Start des Rechenprogramms
188♦LBL 60 FS? 07 RTN 13 ISG 25 RCL IND 25 ABS X>Y? GTO 61 ISG 25 RCL IND 25 X<>Y	Rücksprung für LBL UP, Holen der nächsten Makroanweisung aus dem Speicher
200♦LBL 61 X<>Y XEQ IND Y GTO 60	Interpretation einer Makroanweisung und Sprung
204♦LBL 01 XEQ 51 ST+ 15 RTN	RS: Umwandlung in Ersatzspannungsquelle und Addition von RS
208♦LBL 02 XEQ 50 1/X ST+ 15 RTN	RP: Umwandlung in Ersatzstromquelle und Addition von 1/RP
213♦LBL 03 XEQ 51 RCL 12 * X=0? 1 E-30 1/X ST- 16 RTN	CS
222♦LBL 04 XEQ 50 RCL 12 * ST+ 16 RTN	CP
228♦LBL 05 XEQ 51 RCL 12 * ST+ 16 RTN	LS
234♦LBL 06 XEQ 50 RCL 12 * X=0? 1 E-30 1/X ST- 16 RTN	LP
243♦LBL 07 XEQ 51 ST+ 16 RTN	XS
247♦LBL 08 XEQ 50 1/X ST- 16 RTN	XP
252♦LBL 09 XEQ 51 ST+ 13 RTN	U

256♦LBL 10 XEQ 50 ST+ 13 RTN	I
260♦LBL 11 RCL T ST- 13 P-R ST+ 13 RDN ST+ 14 RTN	PHI
268♦LBL 24 XEQ 62	ENTER
270♦LBL 65 SF 02 0 STO 13 STO 14 STO 15 STO 16 RTN	Löschen des Zweipolspeichers A
278♦LBL 17 XEQ 50	PARLEL
280♦LBL 30 RCL 19 ST+ 15 RCL 20 ST+ 16 RCL 17 ST+ 13 RCL 18 ST+ 14 RTN	Addition des Zweipolspeichers B zum Zweipolspeicher A
290♦LBL 19 XEQ 51 XEQ 63 CF 01 XEQ 51 GTO 30	SERIAL
296♦LBL 16 XEQ 62 CF 01 RCL 21 STO 13 RCL 22 STO 14 RCL 23 STO 15 RCL 24 STO 16 RTN	RCL
308♦LBL 18 XEQ 50 RCL 13 STO 21 RCL 14 STO 22 RCL 15 STO 23 RCL 16 STO 24 RTN	STO
319♦LBL 40 R-P FS? 06 GTO 41 ARCL X SF 21 AVIEW "PHI=" ARCL Y PROMPT RTN	Anzeige des komplexen Ergebnisses
330♦LBL 41 SF 07 FS? 05 X<>Y FS? 05 RTN FC? 04 RTN LOG 20 * RTN	Aufbereitung des Ergebnisses für den Unterprogramm-Modus
342♦LBL A 343♦LBL 20 XEQ 51 RCL 14 RCL 13 "U=" GTO 40	OUT U

349♦LBL B 350♦LBL 21 XEQ 50 RCL 14 RCL 13 "I=" GTO 40	OUT I
356♦LBL C 357♦LBL 22 XEQ 51 RCL 16 RCL 15 "Z=" GTO 40	OUT Z
363♦LBL F ST+ X PI *	Eingabe der Frequenz f
367♦LBL G "W=" ENG 2 ARCL X STO 12 PROMPT	Eingabe der Frequenz ω
373♦LBL J CF 06 GTO 59	Manueller Start der Rechenphase
376♦LBL 50 FS?C 01 GTO 52 CF 02 RTN	Umwandlung des Zweipols A in eine Ersatzstromquelle
381♦LBL 51 FS? 01 CF 02 FS? 01 RTN SF 01	Umwandlung des Zweipols A in eine Ersatzspannungsquelle
387♦LBL 52 FS?C 02 RTN RCL 16 X↑2 RCL 15 X↑2 + X=0? GTO 53 ST/ 15 CHS ST/ 16 GTO 54	Inversion des Widerstandes oder Leitwertes in A entsprechend Formel (3)
401♦LBL 53 RDN 1 E30 STO 15	Approximation $\frac{1}{0+j0} \simeq 10^{30}$
405♦LBL 54 RDN RCL 14 RCL 15 * RCL 13 RCL 16 * + RCL 13 RCL 15 * STO 13 RDN RCL 14 RCL 16 * ST- 13 RDN STO 14 RDN RTN	Komplexe Multiplikation entsprechend Formel (3)
427♦LBL 62 XEQ 50	Vertauschen Zweipol A und B
429♦LBL 63 RCL 13 X<> 17 STO 13 RCL 14 X<> 18 STO 14 RCL 15 X<> 19 STO 15 RCL 16 X<> 20 STO 16 END	

2.4.6. Speicherbedarf

Das Reduktionsprogramm RED wird in 121 Registern gespeichert. Die maximale Speicherkapazität des HP-41C mit vier Speichererweiterungsmodulen beträgt 319 Register. Für den Datenspeicher stehen also 198 Register zur Verfügung.

Die notwendige Anzahl der Datenregister beträgt:

$$\text{SIZE} = 26 + A + B$$

mit A = Anzahl der Makroanweisungen ohne Wert
B = Anzahl der Makroanweisungen mit Wert

2.5. Ergänzende Beispiele für den Reduktionsalgorithmus

Die Übungsbeispiele sollen in erster Linie die Leistungsfähigkeit des Reduktionsalgorithmus zeigen. Sie können auch von Lesern durchgearbeitet werden, die den HP-41C nicht kennen. Die Eingabe des Algorithmus in den HP-41C sowie Einzelheiten der Bedienung sind im Abschnitt 2.4.1. ausführlich dargestellt und werden hier nicht mehr angegeben.

Die Aufgabenstellung erfolgt jeweils durch Vorgabe einer Schaltung und der gesuchten Größe. Als Lösung wird der aus der Schaltung abzuleitende Reduktionsalgorithmus (Makroprogramm) angegeben, und zwar in der Form des vom Reviewprogramm erstellten Rechnerausdrucks (siehe Abschnitt 2.4.1.). Das Ergebnis wird ebenfalls als Rechnerausdruck angegeben, entweder in numerischer Form oder als Kurve (Plot) des Frequenzganges.

In manchen Beispielen müssen vor Anwendung des Algorithmus Spannungsquellen oder Stromquellen verlegt werden. Auf eine Umzeichnung der Schaltung ist in diesen Fällen verzichtet worden. Die umgeformte Schaltung kann ohne weiteres aus dem angegebenen Makroprogramm rekonstruiert werden. Die Verlegung der Quellen ist in den Abschnitten 2.3.6. und 2.3.7. beschrieben worden.

Beispiel 8

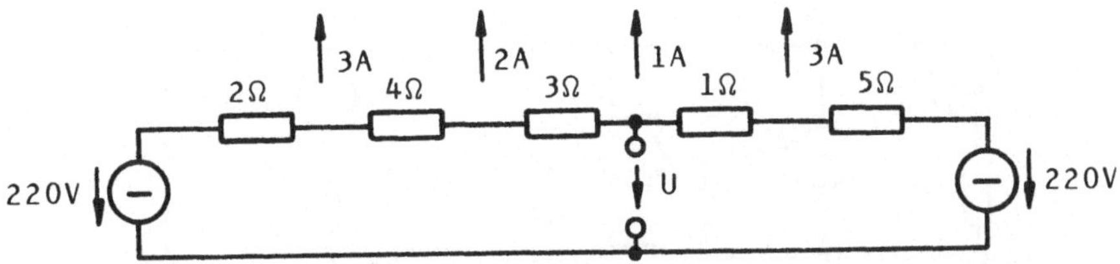

Eine zweiseitig gespeiste Leitung wird an verschiedenen Punkten belastet. Gesucht ist die Spannung U. Die abfließenden Ströme können durch Stromquellen ersetzt werden.

Makroprogramm

Der vom Reviewprogramm erstellte Rechnerausdruck lautet:

```
U=220.E0            U=220.E0
RS=2.00E0           RS=5.00E0
I=-3.00E0           I=-3.00E0
RS=4.00E0           RS=1.00E0
I=-2.00E0           PARLEL
RS=3.00E0           I=-1.00E0
ENTER               OUT U
```

Für die Eingabe des Makroprogramms in den HP-41C siehe Abschnitt 2.4.1.

Ergebnis

```
        XEQ J
U=200.E0
PHI=0.00E0
```

Die gesuchte Spannung ist:

U = 200 V

Beispiel 9

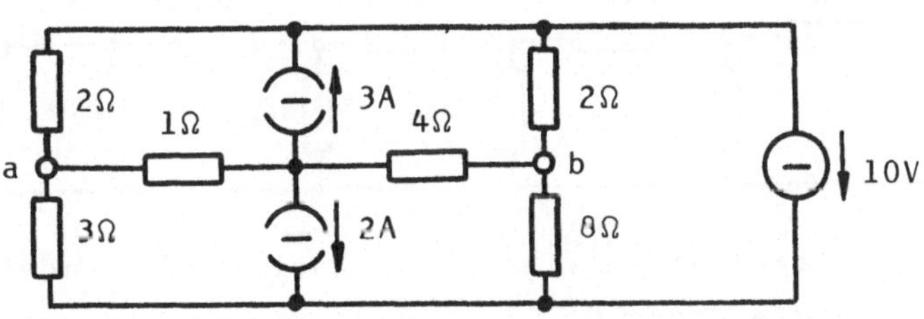

Gesucht ist die Spannung U_{ab} zwischen den Klemmen a und b.

Sowohl die Spannungsquelle als auch die Stromquellen müssen vor der Reduktion verlegt werden:

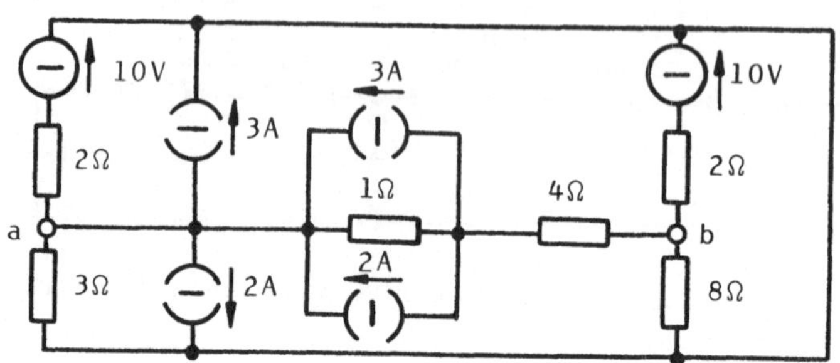

Makroprogramm

```
U=10.0E0                 SERIAL
RS=2.00E0                ENTER
I=-3.00E0                I=3.00E0
RP=3.00E0                I=2.00E0
I=-2.00E0                RP=1.00E0
ENTER                    RS=4.00E0
U=-10.0E0                PARLEL
RS=2.00E0                OUT U
RP=8.00E0
```

Ergebnis

```
        XEQ J
U=3.33E0
PHI=180.E0
```

Die gesuchte Spannung ist also:

$U_{ab} = -3{,}33\,V$

Beispiel 10

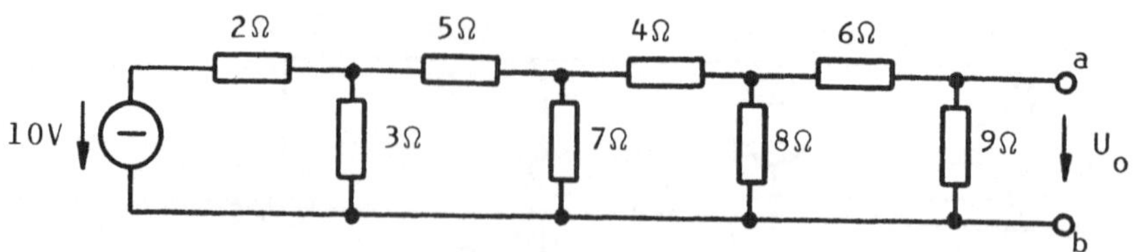

Der Kettenleiter ist in eine Ersatzquelle umzuwandeln. Gesucht sind die Daten U_o, I_k und R_o der Ersatzquelle bezüglich der Klemmen a,b.

Makroprogramm

```
U=10.0E0          RP=8.00E0
RS=2.00E0         RS=6.00E0
RP=3.00E0         RP=9.00E0
RS=5.00E0         OUT U
RP=7.00E0         OUT I
RS=4.00E0         OUT Z
```

Ergebnis

```
        XEQ J
U=797.E-3
PHI=0.00E0
           RUN
I=170.E-3
PHI=0.00E0
           RUN
Z=4.69E0
PHI=0.00E0
```

Die gesuchten Größen der Ersatzquelle sind also:

$U_o = 0,797\,V$, $I_k = 0,170\,A$, $R_o = 4,69\,\Omega$

Beispiel 11

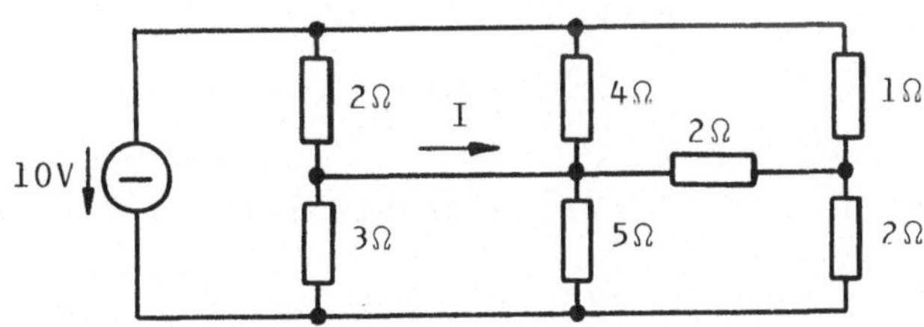

Gesucht ist der Strom I. Die Spannungsquelle muß vor der Reduktion verlegt werden.

Makroprogramm

```
U=-10.0E0         RP=5.00E0
RS=1.00E0         ENTER
RP=2.00E0         U=10.0E0
RS=2.00E0         RS=2.00E0
ENTER             RP=3.00E0
U=-10.0E0         SERIAL
RS=4.00E0         OUT I
PARLEL
```

Ergebnis

```
        XEQ J
I=25.1E-3
PHI=180.E0
```

Der gesuchte Strom ist:

I= -25,1 mA

Beispiel 12

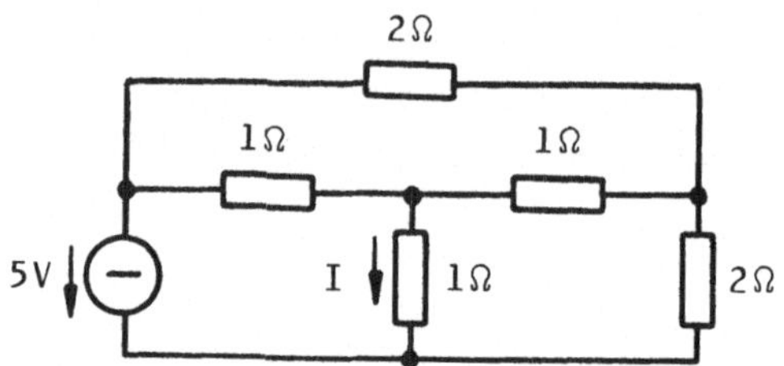

Gesucht ist der Strom I. Die Spannungsquelle muß vor der Reduktion verlegt werden.

Makroprogramm

```
U=5.00E0
RS=2.00E0
RP=2.00E0
RS=1.00E0
ENTER
```

```
U=5.00E0
RS=1.00E0
PARLEL
RS=1.00E0
OUT I
```

Ergebnis

```
        XEQ J
I=2.50E0
PHI=0.00E0
```

Der gesuchte Strom ist:

I= 2,5 A

Beispiel 13

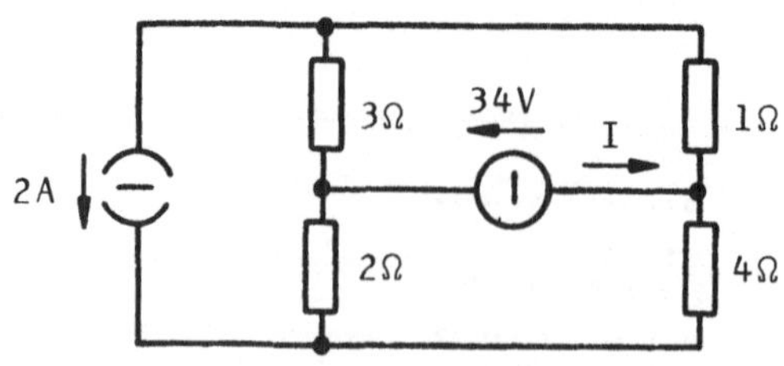

Gesucht ist die Leistung, die die Spannungsquelle in das Netz liefert. Hierfür muß der Strom I berechnet werden. Die Stromquelle muß vor der Reduktion verlegt werden.

Makroprogramm

```
I=2.00E0          RP=2.00E0
RP=3.00E0         RS=4.00E0
RS=1.00E0         PARLEL
ENTER             U=34.0E0
I=-2.00E0         OUT I
```

Ergebnis

```
        XEQ J
I=15.0E0
PHI=0.00E0
```

Der gesuchte Strom ist I= 15A. Hieraus folgt die Leistung P= 34V·15A= 510W

Beispiel 14

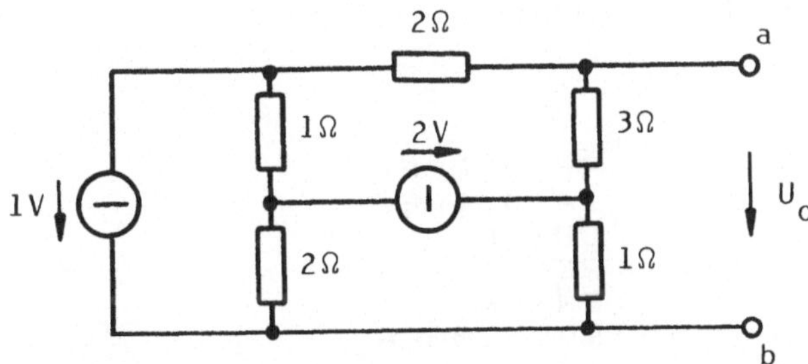

Die Schaltung ist bezüglich der Klemmen a,b in eine Ersatzquelle umzuwandeln. Gesucht sind die Größen U_o und R_o. Vor der Reduktion muß die Spannungsquelle von 1V verlegt werden.

Makroprogramm

```
U=1.00E0          ENTER
RS=1.00E0         U=1.00E0
RP=2.00E0         RS=2.00E0
U=-2.00E0         PARLEL
RP=1.00E0         OUT U
RS=3.00E0         OUT Z
```

Ergebnis

```
        XEQ J
U=333.E-3
PHI=0.00E0
              RUN
Z=1.26E0
PHI=0.00E0
```

Die gesuchten Größen sind:

U_o= 333mV

R_o= 1,26 Ω

Beispiel 15

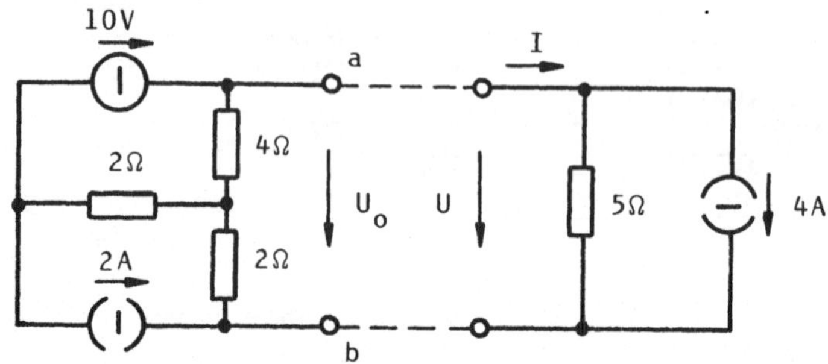

Gesucht sind 1) die Leerlaufspannung U_o der unbelasteten Ersatzquelle bezüglich der Klemmen a,b,

2) die Belastungsspannung U,

3) der Belastungsstrom I.

Makroprogramm

```
I=-2.00E0          RP=5.00E0
RP=2.00E0          I=-4.00E0
U=-10.0E0          OUT U
RP=4.00E0          RCL
ENTER              ENTER
I=-2.00E0          RP=5.00E0
RP=2.00E0          I=4.00E0
SERIAL             SERIAL
OUT U              OUT I
STO
```

Ergebnis

```
        XEQ J
U=13.3E0
PHI=180.E0
          RUN
U=16.0E0
PHI=180.E0
          RUN
I=800.E-3
PHI=0.00E0
```

Die gesuchten Größen sind:

U_o = -13,3V

U= -16,0 V

I= 0,8 A

Beispiel 16

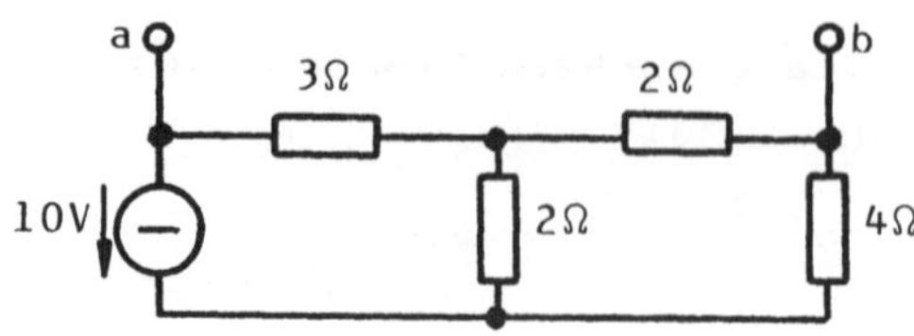

Gesucht ist der Kurzschlußstrom über die Klemmen a,b.
Die Spannungsquelle muß vor der Reduktion verlegt werden.

Makroprogramm

```
U=10.0E0          U=10.0E0
RS=2.00E0         RS=4.00E0
RP=3.00E0         PARLEL
RS=2.00E0         OUT I
ENTER
```

Ergebnis

```
        XEQ J
I=4.38E0
PHI=0.00E0
```

Der Kurzschlußstrom beträgt:
$I_k = 4,38$ A

Beispiel 17

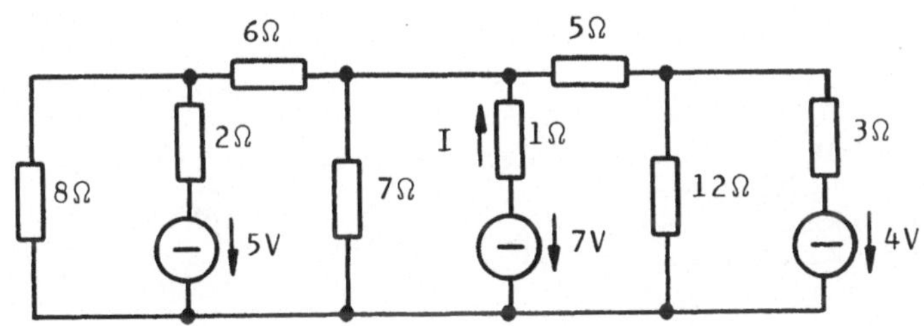

Welche Leistung liefert die Spannungsquelle 7V in das Netzwerk? Hierfür muß der Strom I berechnet werden.

Makroprogramm

```
U=-5.00E0         RS=3.00E0
RS=2.00E0         RP=12.0E0
RP=8.00E0         RS=5.00E0
RS=6.00E0         PARLEL
RP=7.00E0         U=7.00E0
ENTER             RS=1.00E0
U=-4.00E0         OUT I
```

Ergebnis

```
        XEQ J
I=1.35E0
PHI=0.00E0
```

Der Strom I beträgt I= 1,35 A.
Daraus folgt für die Leistung der Spannungsquelle 7V:
P= 7,45 W

Beispiel 18

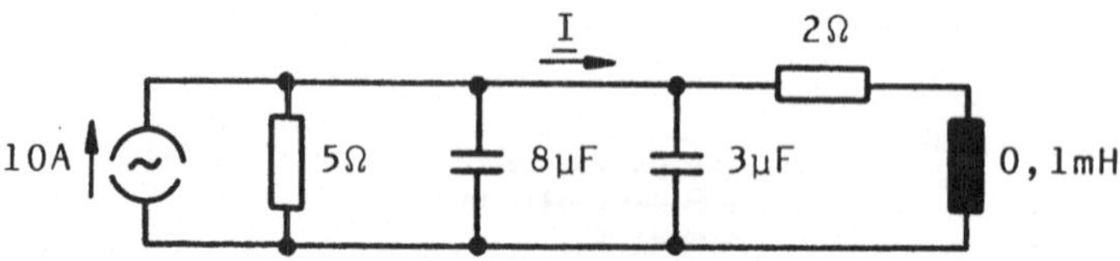

In der Stromteilerschaltung ist der Strom $\underline{I}$ für die Frequenz ω= 50000 1/s gesucht.

Makroprogramm

```
I=10.0E0            RS=2.00E0
RP=5.00E0           CP=3.00E-6
CP=8.00E-6          SERIAL
ENTER               OUT I
LS=100.E-6
```

Ergebnis

```
W=50.0E3
        XEQ J
I=1.56E0
PHI=-72.5E0
```

Der Teilstrom $\underline{I}$ ist also:

$\underline{I}$= 1,56 A $e^{-j72,5^0}$

Beispiel 19

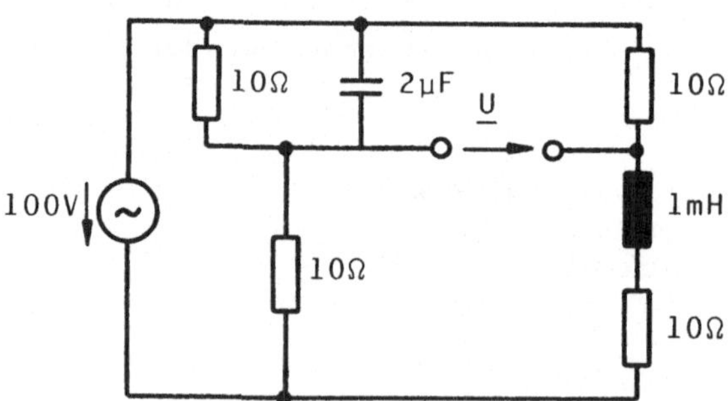

Gesucht ist die Spannung $\underline{U}$ der nicht abgeglichenen Maxwell-Brücke für die Frequenz ω= 10000 1/s. Welcher Strom fließt im Brückenzweig, wenn dieser mit einem Widerstand von 50Ω belastet wird?

Die Spannungsquelle muß vor der Reduktion verlegt werden.

Makroprogramm

```
RP=10.0E0          RS=10.0E0
CP=2.00E-6         LS=1.00E-3
U=100.E0           PARLEL
RP=10.0E0          RCL
STO                SERIAL
ENTER              OUT U
U=-100.E0          RS=50.0E0
RS=10.0E0          OUT I
ENTER
```

Ergebnis

```
W=10.0E3
        XEQ J
U=17.8E0
PHI=-122.E0
             RUN
I=292.E-3
PHI=-124.E0
```

Die Leerlaufspannung der Brücke beträgt: $\underline{U} = 17{,}8\,\mathrm{V}\, e^{-j122^\circ}$

Der Belastungsstrom beträgt: $\underline{I} = 292\,\mathrm{mA}\, e^{-j124^\circ}$

Beispiel 20

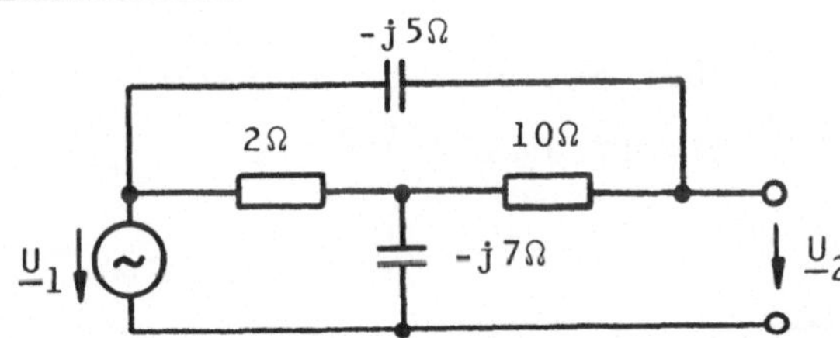

Gesucht ist das Spannungsverhältnis $\underline{U}_2/\underline{U}_1$. Dieses ist gleich der Spannung $\underline{U}_2$, wenn $\underline{U}_1 = 1\mathrm{V}$ gesetzt wird.

Makroprogramm

```
U=1.00E0           U=1.00E0
RS=2.00E0          XS=-5.00E0
XP=-7.00E0         PARLEL
RS=10.0E0          OUT U
ENTER
```

Ergebnis

```
       XEQ J
U=896.E-3
PHI=-1.06E0
```

Das gesuchte Spannungsverhältnis beträgt:

$\underline{U}_2/\underline{U}_1 = 0{,}896\, e^{-j1{,}06^\circ}$

Beispiel 21

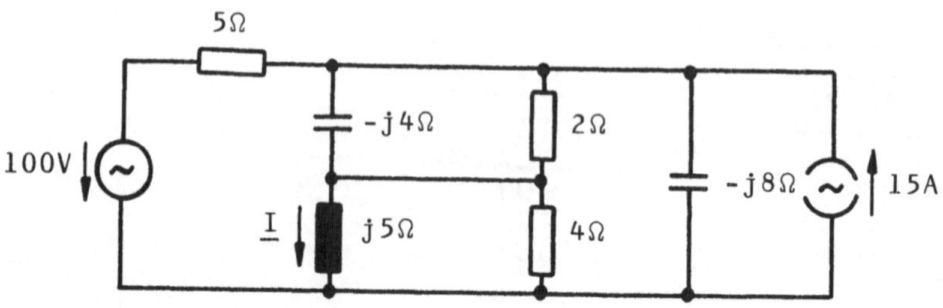

Gesucht ist der Strom $\underline{I}$.

Makroprogramm

```
U=100.E0          XP=-4.00E0
RS=5.00E0         SERIAL
XP=-8.00E0        RP=4.00E0
I=15.0E0          XS=5.00E0
ENTER             OUT I
RP=2.00E0
```

Ergebnis

```
        XEQ J
I=12.0E0
PHI=-75.2E0
```

Der gesuchte Strom ist:

$\underline{I}= 12{,}0\,\mathrm{A}\, e^{-j75{,}2^{\circ}}$

Beispiel 22

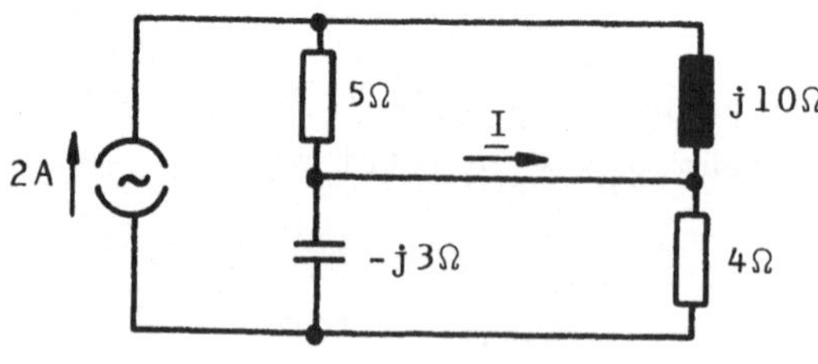

Gesucht ist der Strom $\underline{I}$.

Makroprogramm

```
I=-2.00E0         XP=-3.00E0
RP=5.00E0         RS=4.00E0
XS=10.0E0         PARLEL
ENTER             OUT I
I=2.00E0
```

Ergebnis

```
        XEQ  J
I=358.E-3
PHI=-26.6E0
```

Der gesuchte Strom ist:

$\underline{I}$ = 358 mA $e^{-j26,6^{o}}$

Beispiel 23

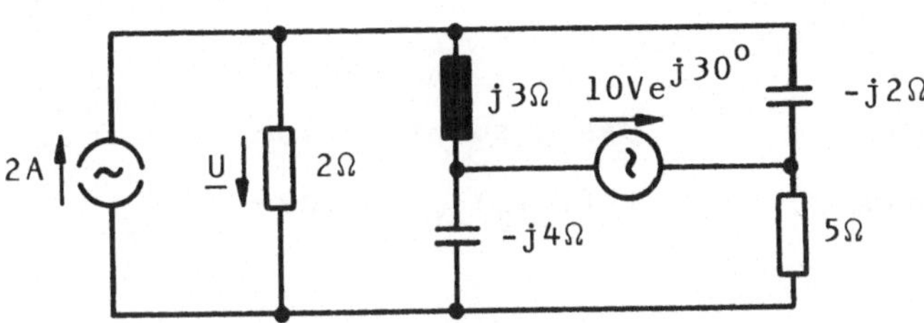

Gesucht ist die Spannung $\underline{U}$. Die Spannungsquelle ist vor der Reduktion zu verlegen.

Makroprogramm

```
U=10.0E0          XS=-4.00E0
PHI=30.0E0        RP=5.00E0
XS=3.00E0         SERIAL
XP=-2.00E0        RP=2.00E0
ENTER             I=2.00E0
U=-10.0E0         OUT U
PHI=30.0E0
```

Ergebnis

```
        XEQ  J
U=8.12E0
PHI=-50.5E0
```

Die gesuchte Spannung ist:

$\underline{U}$ = 8,12 V $e^{-j50,5^{o}}$

Beispiel 24

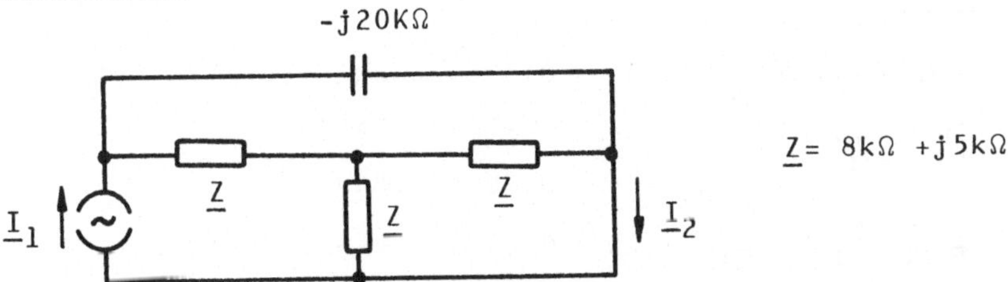

$\underline{Z}$ = 8kΩ +j5kΩ

Gesucht ist das Stromverhältnis $\underline{I}_2/\underline{I}_1$. Dieses ist gleich dem Strom $\underline{I}_2$, wenn $\underline{I}_1$ = 1A gesetzt wird.

Makroprogramm

```
RS=8.00E3         PARLEL
XS=5.00E3         RCL
STO               I=1.00E0
I=1.00E0          SERIAL
XS=-20.0E3        OUT I
RCL
```

Ergebnis

```
       XEQ J
I=707.E-3
PHI=34.4E0
```

Das gesuchte Stromverhältnis ist: $\underline{I}_2/\underline{I}_1 = 0{,}707\,e^{j34{,}4^o}$

Beispiel 25

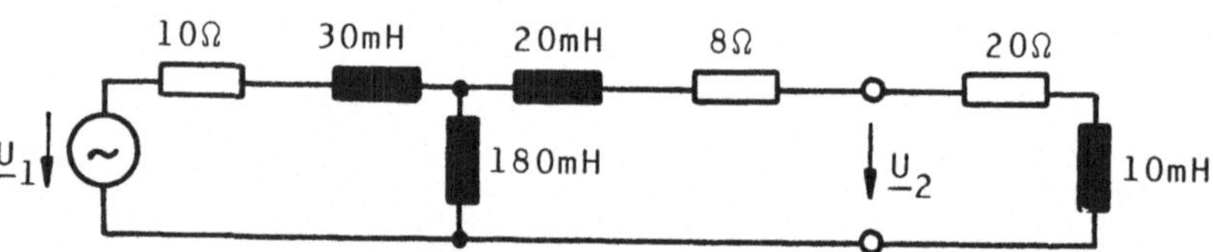

Gegeben ist die Ersatzschaltung eines Übertragers. Gesucht ist das Spannungsverhältnis $\underline{U}_2/\underline{U}_1$ ohne Belastung und mit Belastung bei der Frequenz f= 50 1/s.

Makroprogramm

```
U=1.00E0          OUT U
RS=10.0E0         ENTER
LS=30.0E-3        RS=20.0E0
LP=180.E-3        LS=10.0E-3
LS=20.0E-3        PARLEL
RS=8.00E0         OUT U
```

Ergebnis

```
W=314.E0
       XEQ J
U=847.E-3
PHI=8.62E0
          RUN
U=431.E-3
PHI=-10.3E0
```

Das Spannungsverhältnis im Leerlauf ist:

$\underline{U}_2/\underline{U}_1 = 0{,}847\,e^{j8{,}62^o}$

Das Spannungsverhältnis mit Belastung ist:

$\underline{U}_2/\underline{U}_1 = 0{,}431\,e^{-j10{,}3^o}$

Beispiel 26

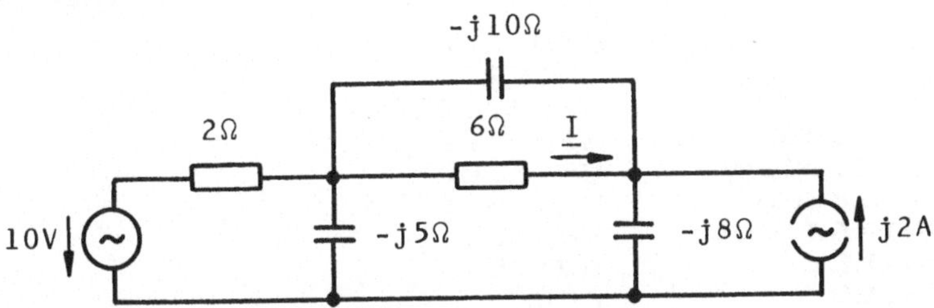

Gesucht ist der Teilstrom $\underline{I}$ im Längszweig des Netzwerkes.

Makroprogramm

```
U=10.0E0
RS=2.00E0
XP=-5.00E0
ENTER
I=-2.00E0
PHI=90.0E0
```

```
XP=-8.00E0
SERIAL
XP=-10.0E0
RS=6.00E0
OUT I
```

Ergebnis

```
       XEQ J
I=542.E-3
PHI=-124.E0
```

Der gesuchte Strom $\underline{I}$ ist:

$\underline{I} = 542 \text{ mA } e^{-j124^{\circ}}$

Beispiel 27

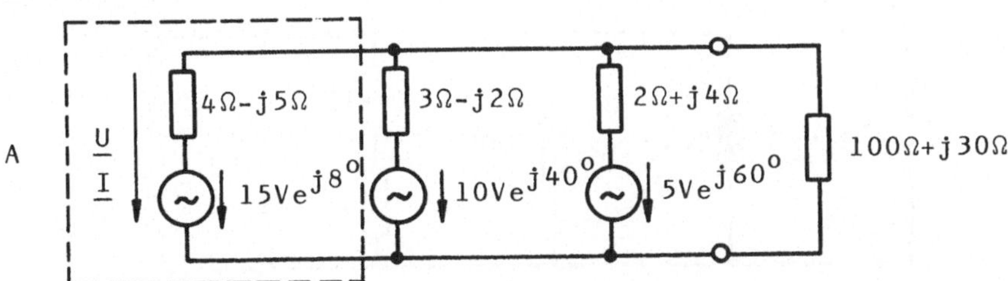

Gesucht ist die Leistung, die der Zweipol A in das Netzwerk liefert. Hierfür muß $\underline{U}$ und $\underline{I}$ bekannt sein. Dann ist die Leistung des Zweipols A:

$$P_A = |\underline{U}|\,|\underline{I}| \cdot \cos(\text{arc}\underline{U} - \text{arc}\underline{I})$$

Da das Verbraucherzählpfeilsystem für den Zweipol A gewählt wurde (Strom- und Spannungszählpfeil haben gleiche Richtung), ist eine negative Leistung P_A eine abgegebene Leistung.

Makroprogramm

```
RS=100.E0        STO
XS=30.0E0        ENTER
ENTER            RS=4.00E0
RS=2.00E0        XS=-5.00E0
XS=4.00E0        U=15.0E0
U=5.00E0         PHI=8.00E0
PHI=60.0E0       PARLEL
PARLEL           OUT U
ENTER            RCL
RS=3.00E0        RS=4.00E0
XS=-2.00E0       XS=-5.00E0
U=10.0E0         U=-15.0E0
PHI=40.0E0       PHI=8.00E0
PARLEL           OUT I
```

Ergebnis

```
       XEQ J
U=12.5E0
PHI=46.7E0
         RUN
I=1.47E0
PHI=-177.E0
```

Die Spannung am Zweipol A beträgt: $\underline{U} = 12{,}5\ \text{V}\ e^{j46{,}7^o}$

Der Strom durch den Zweipol A beträgt: $\underline{I} = 1{,}47\ \text{A}\ e^{-j177^o}$

Die Leistung des Zweipols A ist also:

$$P_A = 12{,}5\text{V}\ 1{,}47\text{A}\ \cos(46{,}7^o + 177^o) = -13{,}3\ \text{W}$$

Beispiel 28

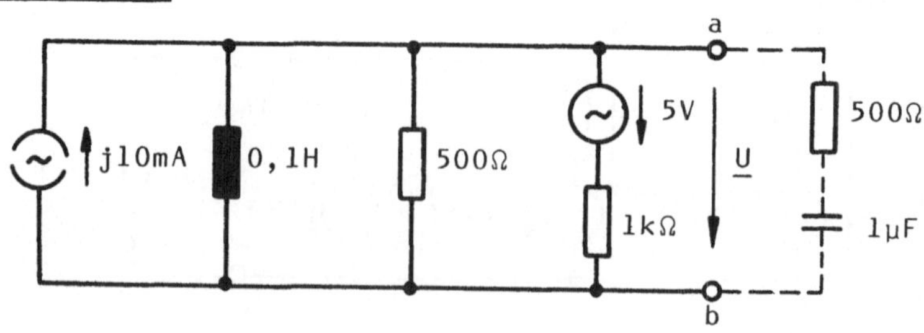

Der Zweipol ist bezüglich der Klemmen a,b in eine Ersatzquelle umzuwandeln mit den Daten $\underline{U}_o$, $\underline{I}_k$ und $\underline{Z}_o$. Die Frequenz ist $\omega = 2500\ 1/\text{s}$. Wie groß ist die Klemmenspannung $\underline{U}$ und der Laststrom $\underline{I}$ bei Belastung mit der gezeichneten Last?

Makroprogramm

```
U=5.00E0            ENTER
RS=1.00E3           RS=500.E0
RP=500.E0           CS=1.00E-6
LP=100.E-3          PARLEL
I=10.0E-3           OUT U
PHI=90.0E0          RCL
OUT U               RS=500.E0
OUT I               CS=1.00E-6
OUT Z               OUT I
STO
```

Ergebnis

```
W=2.50E3
        XEQ J
U=2.24E0
PHI=117.E0
          RUN
I=11.2E-3
PHI=63.4E0
          RUN
Z=200.E0
PHI=53.1E0
          RUN
U=2.15E0
PHI=99.1E0
          RUN
I=3.36E-3
PHI=138.E0
```

Die Leerlaufspannung der Ersatzquelle ist:

$\underline{U}_o = 2{,}24\,\text{V}\ e^{j117^o}$

Der Kurzschlußstrom ist:

$\underline{I}_k = 11{,}2\,\text{mA}\ e^{j63{,}4^o}$

Der Innenwiderstand ist:

$\underline{Z}_o = 200\,\Omega\ e^{j53{,}1^o}$

Die Lastspannung ist:

$\underline{U} = 2{,}15\,\text{V}\ e^{j99{,}1^o}$

Der Laststrom ist:

$\underline{I} = 3{,}36\,\text{mA}\ e^{j138^o}$

Beispiel 29

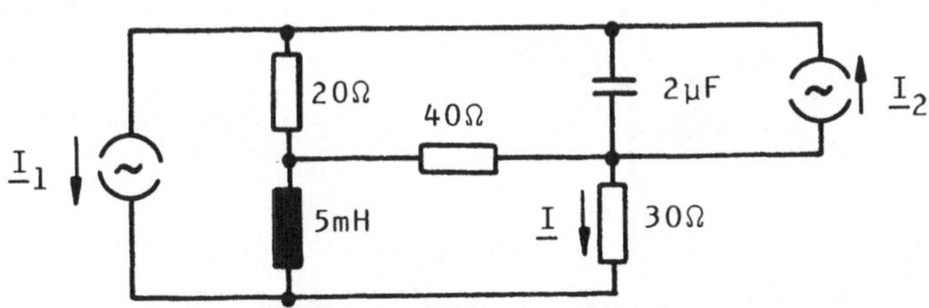

Der Strom $\underline{I}$ ist als Funktion der Quellenströme $\underline{I}_1$ und $\underline{I}_2$ anzugeben. Hierfür kann der Überlagerungssatz mit den Werten 1A für die Quellenströme angewendet werden. Die Frequenz beträgt $\omega = 10000$ 1/s.

Makroprogramm

```
I=-1.00E0          OUT I
RP=20.0E0          ENTER
CS=2.00E-6         I=1.00E0
RP=40.0E0          CP=2.00E-6
ENTER              RS=20.0E0
I=-1.00E0          RP=40.0E0
LP=5.00E-3         LS=5.00E-3
SERIAL             RS=30.0E0
RS=30.0E0          OUT I
```

Ergebnis

```
W=10.0E3
        XEQ J
I=870.E-3
PHI=-132.E0
          RUN
I=390.E-3
PHI=-84.4E0
```

Für $\underline{I}_2=0$ ist das Stromverhältnis: $\underline{I}/\underline{I}_1 = 0{,}870\ e^{-j132^\circ}$

Für $\underline{I}_1=0$ ist das Stromverhältnis: $\underline{I}/\underline{I}_2 = 0{,}390\ e^{-j84{,}4^\circ}$

Für den Strom $\underline{I}$ ergibt sich damit die Abhängigkeit:

$$\underline{I} = 0{,}870\, e^{-j132^\circ}\, \underline{I}_1 + 0{,}390\, e^{-j84{,}4^\circ}\, \underline{I}_2$$

Beispiel 30

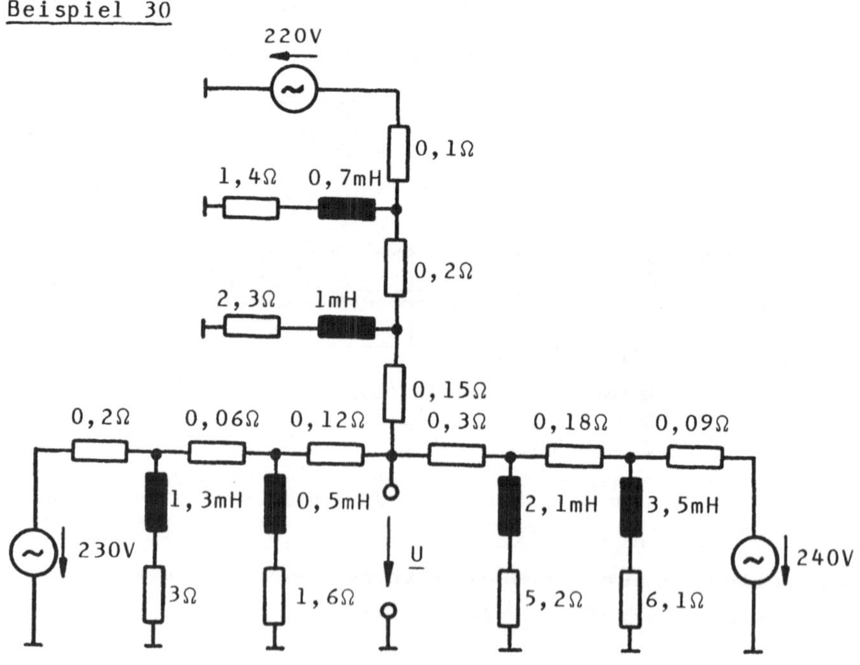

Ein sternförmiges Netzwerk wird von drei Spannungsquellen gespeist. Gesucht ist die Spannung $\underline{U}$ im Sternpunkt. Wie groß wird die Spannung $\underline{U}$, wenn der Sternpunkt mit einer Kapazität von 2000 µF belastet wird? Die Frequenz ist f= 50 1/s.

Makroprogramm

```
U=230.E0            PARLEL
RS=200.E-3          RS=150.E-3
ENTER               RCL
RS=3.00E0           PARLEL
LS=1.30E-3          STO
PARLEL              ENTER
RS=60.0E-3          U=240.E0
ENTER               RS=90.0E-3
RS=1.60E0           ENTER
LS=500.E-6          RS=6.10E0
PARLEL              LS=3.50E-3
RS=120.E-3          PARLEL
STO                 RS=180.E-3
ENTER               ENTER
U=220.E0            RS=5.20E0
RS=100.E-3          LS=2.10E-3
ENTER               PARLEL
RS=1.40E0           RS=300.E-3
LS=700.E-6          RCL
PARLEL              PARLEL
RS=200.E-3          OUT U
ENTER               CP=2.00E-3
RS=2.30E0           OUT U
LS=1.00E-3
```

Ergebnis

```
W=314.E0
       XEQ J
U=195.E0
PHI=1.08E0
          RUN
U=195.E0
PHI=-3.89E0
```

Die Spannung des Sternpunktes ist ohne Belastung:

$\underline{U}= 195\,\text{V}\, e^{j1,08^\circ}$

und mit Belastung:

$\underline{U}= 195\,\text{V}\, e^{-j3,89^\circ}$

Beispiel 31

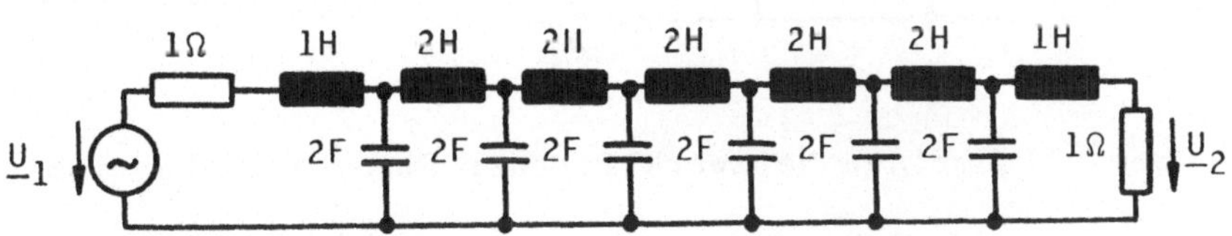

Gegeben ist eine Laufzeitkette mit der Grenzfrequenz $\omega_g = 1$ 1/s. Gesucht ist das Spannungsverhältnis $\underline{U}_2/\underline{U}_1$ für ω=0,1 1/s. Diese Frequenz liegt in einem Bereich linearen Phasenganges weit unterhalb der Grenzfrequenz. Die Laufzeit $-\phi/\omega$ ist zu bestimmen.

Makroprogramm

```
U=1.00E0          CP=2.00E0
RS=1.00E0         LS=2.00E0
LS=1.00E0         CP=2.00E0
CP=2.00E0         LS=2.00E0
LS=2.00E0         CP=2.00E0
CP=2.00E0         LS=1.00E0
LS=2.00E0         RP=1.00E0
CP=2.00E0         OUT U
LS=2.00E0
```

Ergebnis

```
W=100.E-3
        XEQ J
U=500.E-3
PHI=-68.9E0
```

Das Spannungsverhältnis ist:

$\underline{U}_2/\underline{U}_1 = 0{,}5\, e^{-j68{,}9^\circ}$

Für kleine Frequenzen ist die Laufzeit konstant und beträgt:

$$-\phi/\omega = 68{,}9^\circ \frac{\pi}{180^\circ} / (0{,}1\ 1/s) = 12\ s$$

Ein Signal erscheint am Ausgang also um 12 s verspätet (und natürlich verzerrt).

Beispiel 32

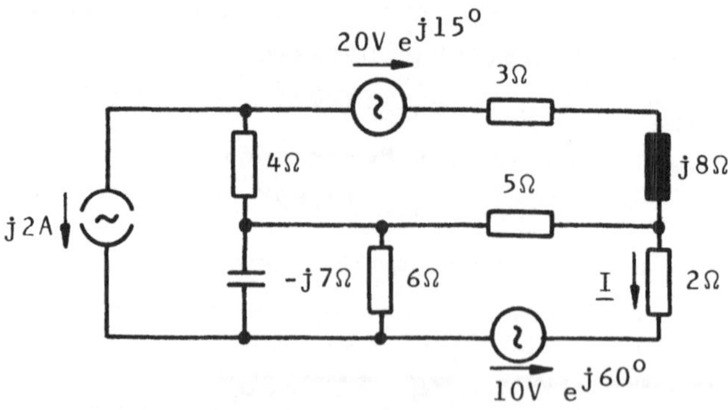

In dem allgemeinen Netzwerk ist der Strom $\underline{I}$ zu bestimmen.

Makroprogramm

```
I=-2.00E0            I=-2.00E0
PHI=90.0E0           PHI=90.0E0
RP=4.00E0            XP=-7.00E0
U=-20.0E0            RP=6.00E0
PHI=15.0E0           SERIAL
RS=3.00E0            U=10.0E0
XS=8.00E0            PHI=60.0E0
RP=5.00E0            RS=2.00E0
ENTER                OUT I
```

Ergebnis

```
      XEQ J
I=995.E-3
PHI=-178.E0
```

Der gesuchte Strom ist:

$\underline{I} = 0{,}995\,\mathrm{A}\,e^{-j178^{o}}$

Beispiel 33

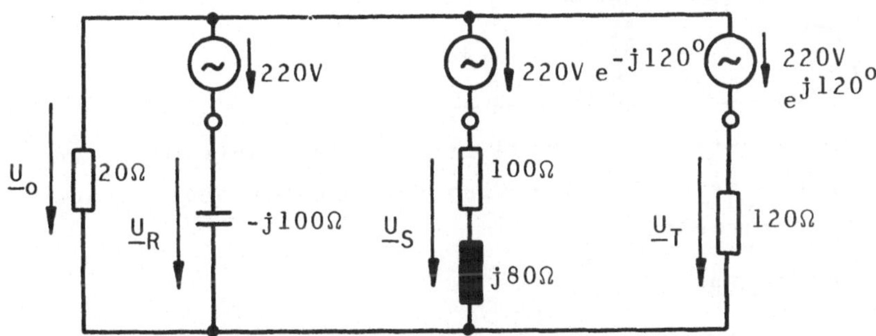

In einem unsymmetrischen Drehstromsystem sind die Spannungen $\underline{U}_o$, $\underline{U}_R$, $\underline{U}_S$ und $\underline{U}_T$ zu bestimmen.

Makroprogramm

```
U=220.E0             RP=20.0E0
XS=-100.E0           OUT U
ENTER                STO
U=220.E0             U=-220.E0
PHI=-120.E0          OUT U
RS=100.E0            RCL
XS=80.0E0            U=-220.E0
PARLEL               PHI=-120.E0
ENTER                OUT U
U=220.E0             RCL
PHI=120.E0           U=-220.E0
RS=120.E0            PHI=120.E0
PARLEL               OUT U
```

Für die Berechnung der Sternspannungen aus der Spannung

$\underline{U}_o$ ist die Kirchhoffsche Maschenregel angewendet worden.

Ergebnis

```
         XEQ J
U=62.5E0
PHI=124.E0
             RUN
U=260.E0
PHI=169.E0
             RUN
U=254.E0
PHI=72.8E0
             RUN
U=158.E0
PHI=-61.6E0
```

Die gesuchten Spannungen sind:

$\underline{U}_o = 62{,}5\,V\,e^{j124^o}$

$\underline{U}_R = 260\,V\,e^{j169^o}$

$\underline{U}_S = 254\,V\,e^{j72{,}8^o}$

$\underline{U}_T = 158\,V\,e^{-j61{,}6^o}$

Beispiel 34

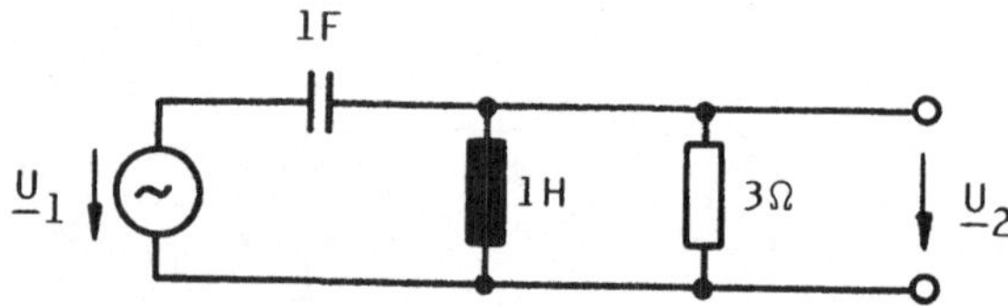

Für den normierten Hochpaß ist die Ortskurve $\underline{U}_2/\underline{U}_1$ gesucht. Die Schaltung ist also für verschiedene Frequenzen durchzurechnen.

Makroprogramm

```
U=1.00E0
CS=1.00E0
LP=1.00E0
RP=3.00E0
OUT U
```

Ergebnis

```
W=1.00E-3
        XEQ J
U=1.00E-6
PHI=180.E0

W=400.E-3
        XEQ J
U=188.E-3
PHI=171.E0

W=600.E-3
        XEQ J
U=537.E-3
PHI=163.E0

W=800.E-3
        XEQ J
U=1.43E0
PHI=143.E0

W=1.00E0
        XEQ J
U=3.00E0
PHI=90.0E0

W=1.20E0
        XEQ J
U=2.42E0
PHI=42.3E0
```

```
W=1.40E0
      XEQ J
U=1.84E0
PHI=25.9E0

W=2.00E0
      XEQ J
U=1.30E0
PHI=12.5E0

W=10.0E0
      XEQ J
U=1.01E0
PHI=1.93E0
```

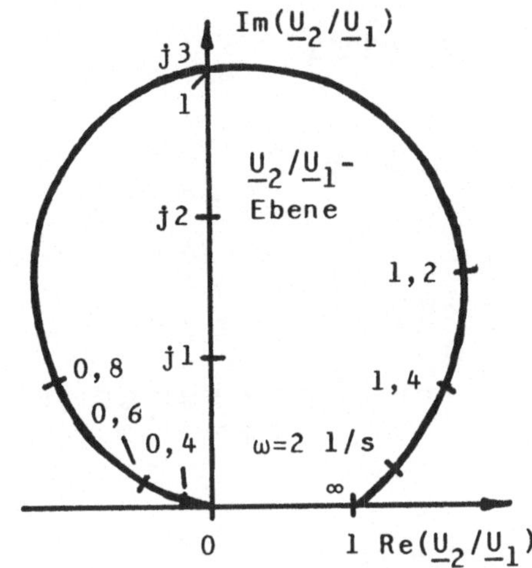

Beispiel 35

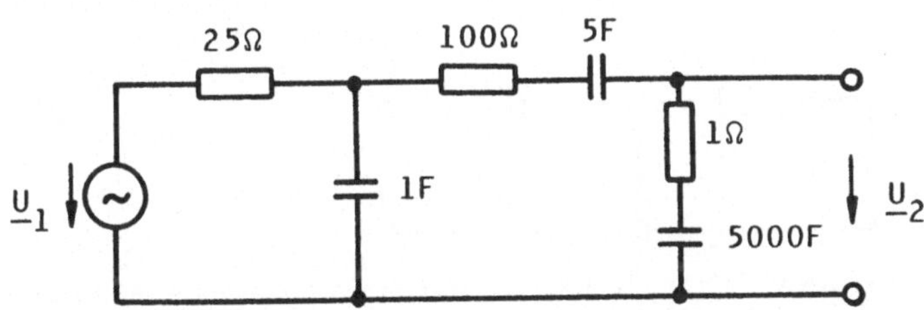

Gegeben ist eine normierte RC-Schaltung. Gesucht sind der Amplitudengang und der Phasengang von $\underline{U}_2/\underline{U}_1$. Diese sind in einem Bodeplot darzustellen.

Makroprogramm

```
U=1.00E0           ENTER
RS=25.0E0          RS=1.00E0
CP=1.00E0          CS=5.00E3
RS=100.E0          PARLEL
CS=5.00E0          OUT U
```

Amplitudengang

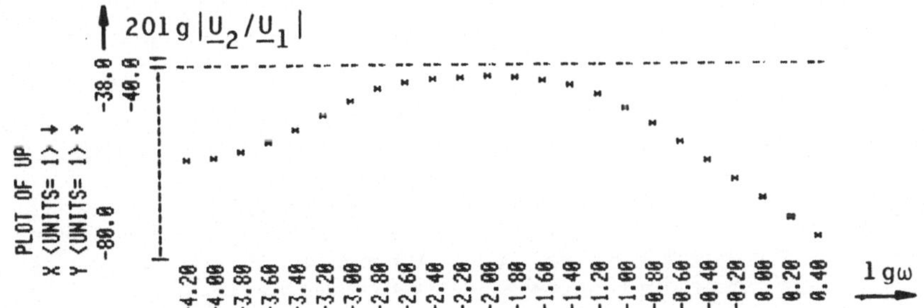

Phasengang

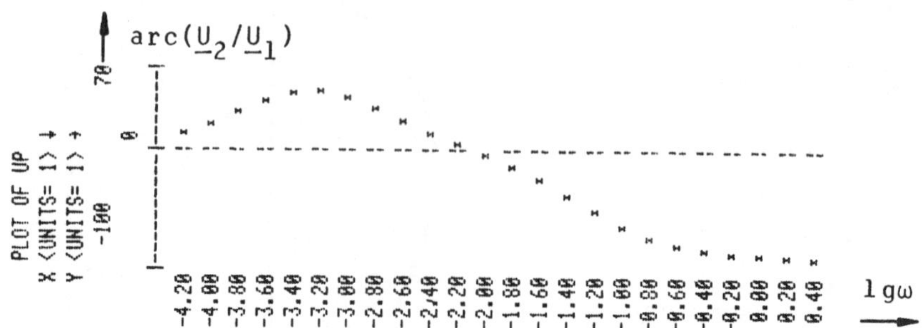

Beispiel 36

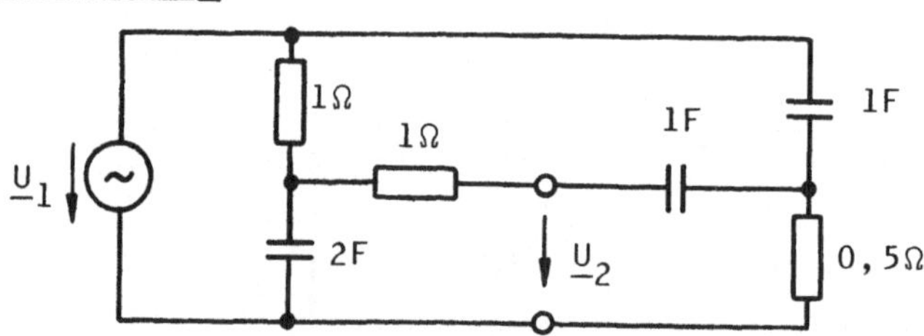

Gegeben ist die normierte Schaltung eines Doppel-T-Gliedes. Gesucht sind der Amplitudengang und der Phasengang von $\underline{U}_2/\underline{U}_1$. Diese sind in einem Bodeplot darzustellen.

Makroprogramm

```
U=1.00E0          CS=1.00E0
RS=1.00E0         RP=500.E-3
CP=2.00E0         CS=1.00E0
RS=1.00E0         PARLEL
ENTER             OUT U
U=1.00E0
```

Amplitudengang

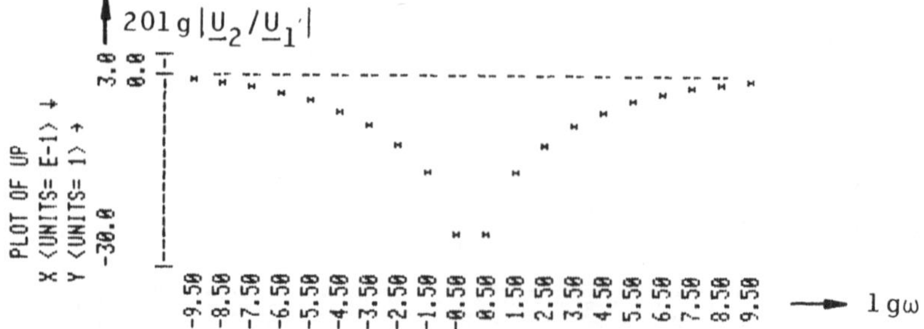

Phasengang

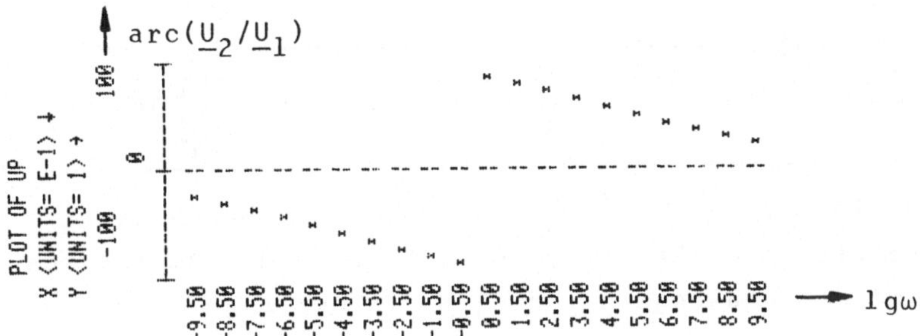

Beispiel 37

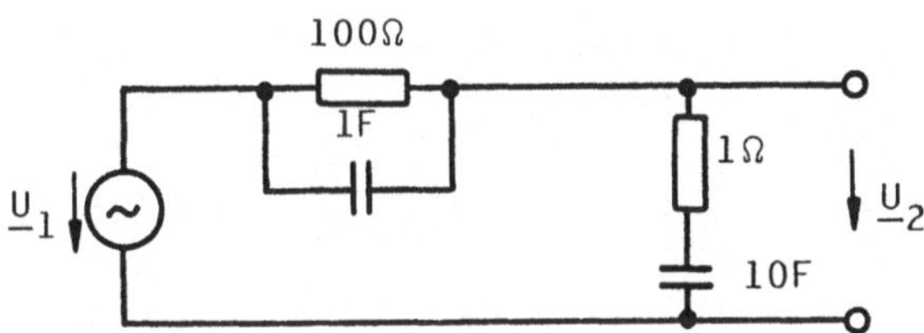

Gegeben ist die normierte Schaltung einer Bandsperre. Gesucht ist der Amplitudengang in der Form des Bode-Diagramms.

Makroprogramm

```
RP=100.E0           RS=1.00E0
CP=1.00E0           CS=10.0E0
U=1.00E0            PARLEL
ENTER               OUT U
```

Amplitudengang

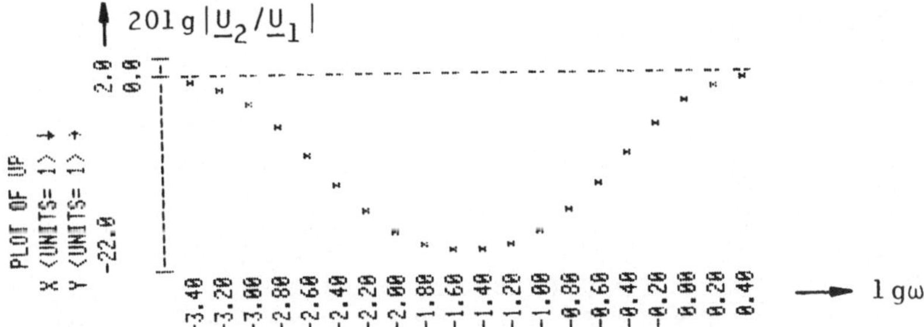

Beispiel 38

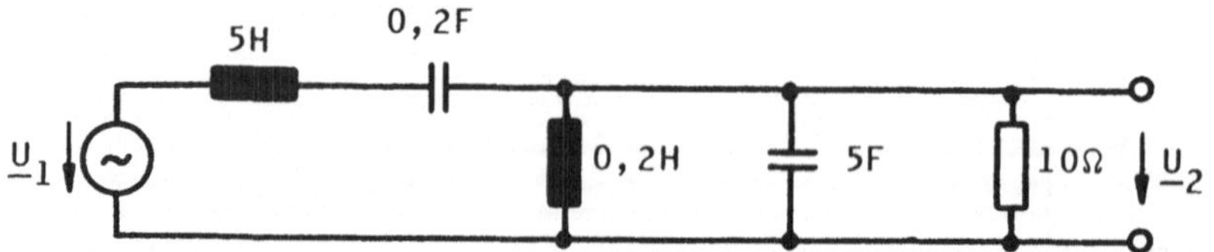

Gegeben ist die normierte Schaltung eines Bandpasses in überkritischer Kopplung. Gesucht sind der Amplitudengang und der Phasengang von $\underline{U}_2/\underline{U}_1$ in der logarithmischen Darstellung des Bode-Diagramms.

Makroprogramm

```
U=1.00E0            CP=5.00E0
LS=5.00E0           RP=10.0E0
CS=200.E-3          OUT U
LP=200.E-3
```

Amplitudengang

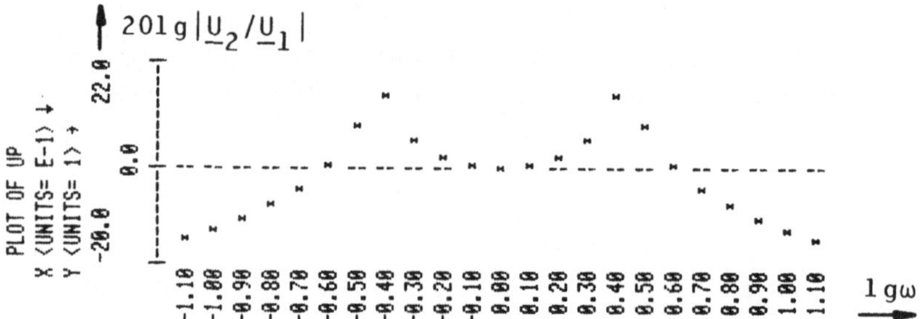

Phasengang

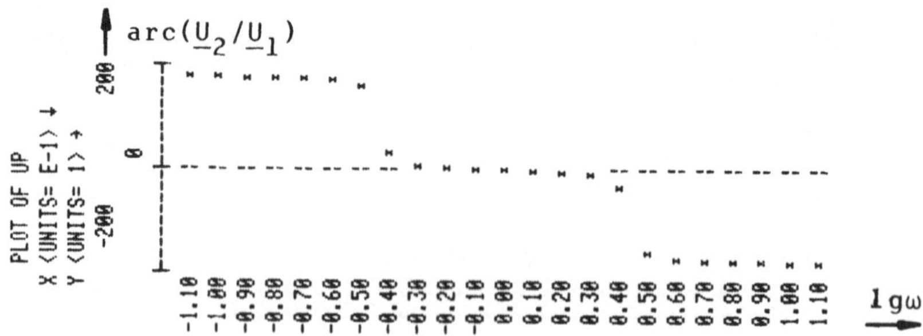

Beispiel 39

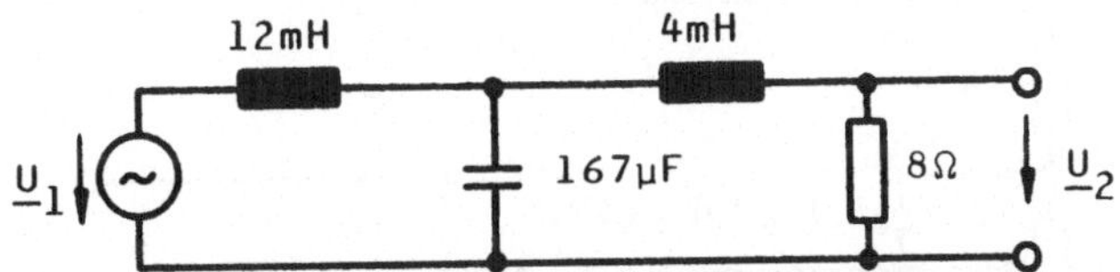

Gegeben ist ein Butterworth-Tiefpaß. Gesucht ist der Amplitudengang von $\underline{U}_2/\underline{U}_1$, und zwar einmal in linearem Maßstab und andererseits in der logarithmischen Darstellung des Bode-Diagramms.

Makroprogramm

```
U=1.00E0          LS=4.00E-3
LS=12.0E-3        RP=8.00E0
CP=167.E-6        OUT U
```

Amplitudengang in linearem Maßstab

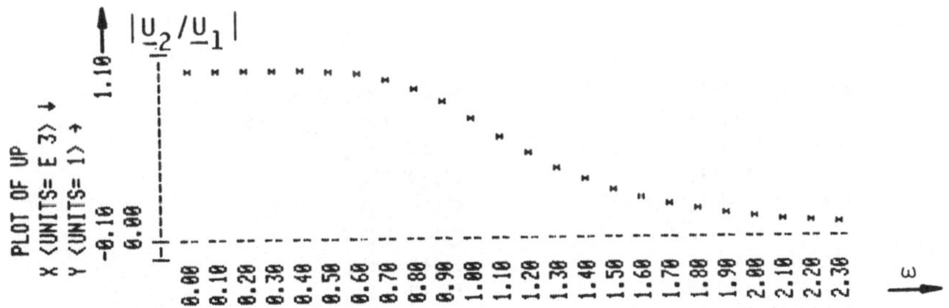

Bode-Diagramm des Amplitudenganges

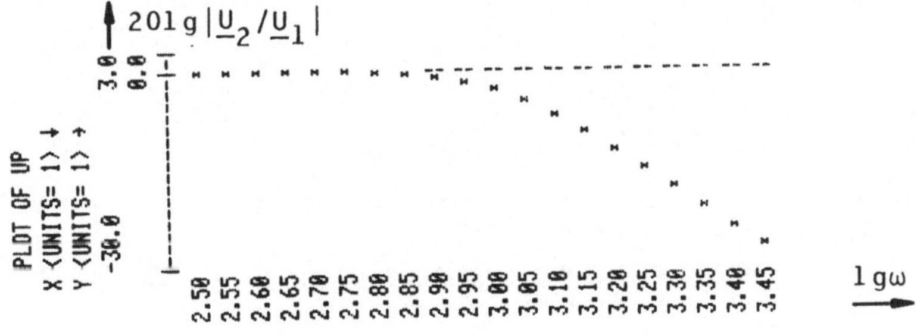

Beispiel 40

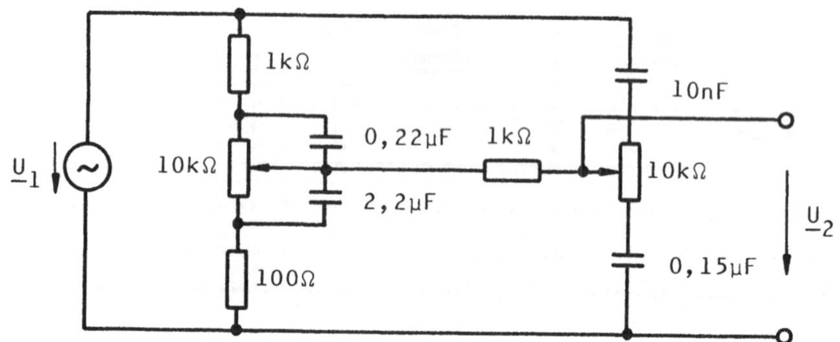

Gegeben ist ein Klangregelnetzwerk mit Tiefenregler (links) und Höhenregler (rechts). Gesucht ist das Bode-Diagramm des Amplitudenganges von $\underline{U}_2/\underline{U}_1$, und zwar einmal für beide Regler am oberen Anschlag und andererseits für beide Regler am unteren Anschlag.

a) Beide Regler am oberen Anschlag

Makroprogramm

```
U=1.00E0            U=1.00E0
RS=1.00E3           CS=10.0E-9
ENTER               PARLEL
RP=10.0E3           ENTER
CP=2.20E-6          RS=10.0E3
RS=100.E0           CS=150.E-9
PARLEL              PARLEL
RS=1.00E3           OUT U
ENTER
```

Amplitudengang

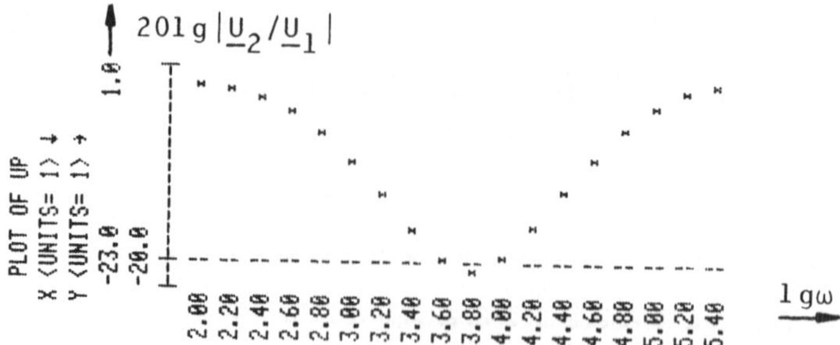

b) Beide Regler am unteren Anschlag

Makroprogramm

```
RP=10.0E3          U=1.00E0
CP=220.E-9         CS=10.0E-9
RS=1.00E3          RS=10.0E3
U=1.00E0           PARLEL
RP=100.E0          CP=150.E-9
RS=1.00E3          OUT U
ENTER
```

Amplitudengang

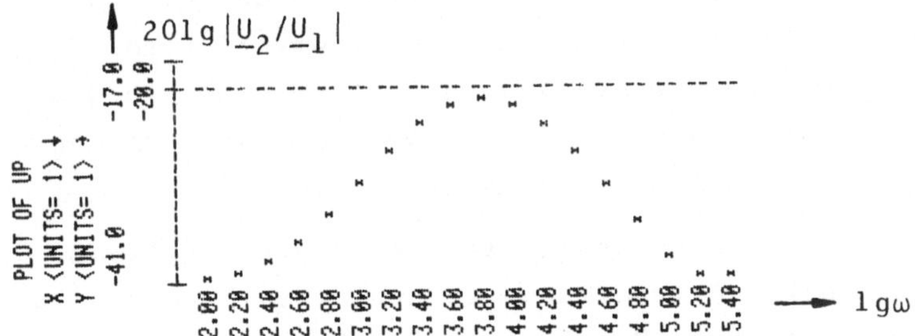

3. Allgemeines Netzwerkprogramm NET

3.1. Allgemeine Beschreibung

Grundlage des Programms ist das Knotenpunktpotentialverfahren oder das Maschenstromverfahren. Beide unterscheiden sich im Programmaufbau so wenig, daß sie in einem einzigen Programm vereinigt werden konnten.

Das Programm ist anwendbar auf beliebig vermaschte Netze mit Widerständen, Kapazitäten, Induktivitäten, Spannungsquellen und Stromquellen. Wählt man das Knotenpunktpotentialverfahren, dann ist das Ergebnis der Rechnung eine Spannung. Wählt man das Maschenstromverfahren, dann ist das Ergebnis der Rechnung ein Strom. Ist ein Drucker vorhanden, dann kann der Amplitudengang oder der Phasengang als Kurve geplottet werden.

Ausgangspunkt der Rechnung ist direkt die Schaltung. Die Aufstellung von Netzgleichungen durch den Benutzer ist nicht erforderlich. Die gesamte Schaltung wird zunächst in den Rechner eingegeben und als Makroprogramm gespeichert. Dann wird nach Wahl einer Frequenz die Rechnung gestartet. Die Schaltung kann also für verschiedene Frequenzen beliebig oft durchgerechnet werden.

Die Rechnung in jedem Durchlauf beginnt mit dem Aufbau der komplexen Leitwertmatrix beim Knotenpunktpotentialverfahren oder der komplexen Widerstandsmatrix beim Maschenstromverfahren. Die Matrix ist bei beiden Verfahren symmetrisch, so daß nur die obere Dreiecksmatrix gespeichert zu werden braucht. Während des Aufbaus der Matrix werden die Zweige der Schaltung so weit wie möglich reduziert. Dies geschieht mit dem im Abschnitt 2.3.1. beschriebenen Verfahren der fortgesetzten Reihenparallelschaltung von Quellen und Widerständen.

Die Auflösung der Matrix erfolgt anschließend mit dem komplexen Gauß-Algorithmus.

Bild 11 zeigt den geschilderten Aufbau des Programms.

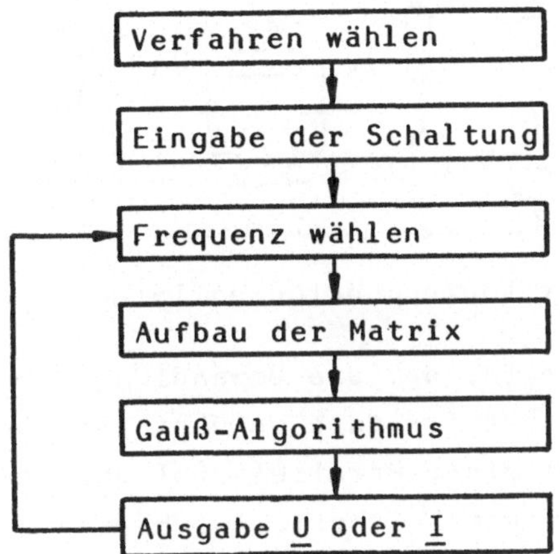

Bild 11: Ablaufdiagramm für Programm NET

3.2. Knotenpunktpotentialverfahren

3.2.1. Voraussetzungen

Das Verfahren setzt voraus, daß sich nur Stromquellen im Netzwerk befinden. Diese Voraussetzung läßt sich immer realisieren, indem jeder Zweig in eine äquivalente Ersatzstromquelle umgewandelt wird. Dies geschieht mit dem im Abschnitt 2.2. geschilderten Reduktionsverfahren und ist möglich, wenn der Zweig aus einer Reihenparallelschaltung von Quellen und Widerständen besteht. Besteht ein Zweig aus nur einer Spannungsquelle, dann muß diese mit dem im Abschnitt 2.3.6. geschilderten Verfahren verlegt werden.

3.2.2. Ansatz mit Knotenpunktpotentialen

Das Verfahren wird an einem Netzwerk mit drei Knotenpunktpotentialen erläutert (Bild 12). Der Ansatz erfolgt mit den Knotenpunktpotentialen, d.h. den Spannungen eines jeden Knotens zu einem gewählten Bezugsknoten. Die Zweigspannungen sind dann die Differenzen der Knotenpunktpotentiale. Es ist leicht einzusehen, daß die Summe aller Spannungen in jeder Masche gleich Null ist, so daß die Maschengleichungen überflüssig sind. In dem Netzwerk des Bildes 12 gibt es drei Knotenpunktpotentiale $\underline{U}_1$, $\underline{U}_2$

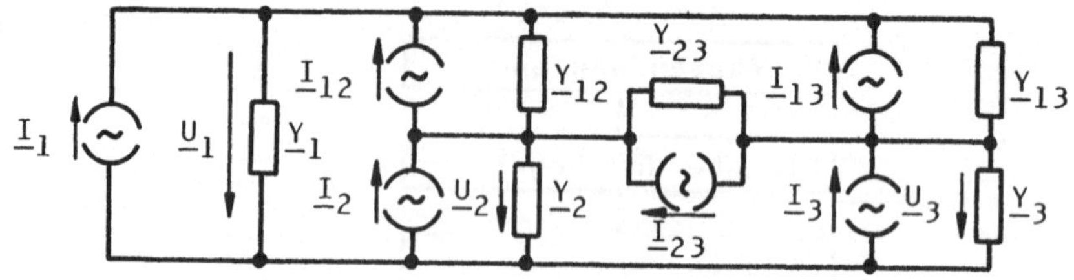

Bild 12: Ansatz mit Knotenpunktpotentialen

und $\underline{U}_3$. Es sei angenommen, daß die Umwandlung der Zweige in Ersatzstromquellen bereits durchgeführt ist. Jeder Zweig besteht also aus einer Parallelschaltung einer idealen Stromquelle mit einem Leitwert. Zur Berechnung der Knotenpunktpotentiale sind drei Knotengleichungen erforderlich:

$$\underline{U}_1\underline{Y}_1 + (\underline{U}_1-\underline{U}_2)\underline{Y}_{12} + (\underline{U}_1-\underline{U}_3)\underline{Y}_{13} = \underline{I}_1+\underline{I}_{12}+\underline{I}_{13} \tag{4a}$$

$$\underline{U}_2\underline{Y}_2 + (\underline{U}_2-\underline{U}_1)\underline{Y}_{12} + (\underline{U}_1-\underline{U}_3)\underline{Y}_{23} = \underline{I}_2-\underline{I}_{12}+\underline{I}_{23} \tag{4b}$$

$$\underline{U}_3\underline{Y}_3 + (\underline{U}_3-\underline{U}_2)\underline{Y}_{23} + (\underline{U}_3-\underline{U}_1)\underline{Y}_{13} = \underline{I}_3-\underline{I}_{13}-\underline{I}_{23} \tag{4c}$$

3.2.3. Ansatz mit der Leitwertmatrix

Das Gleichungssystem (4) lautet nach einer Umformung in der Matrixschreibweise:

$$\begin{bmatrix} \underline{Y}_1+\underline{Y}_{12}+\underline{Y}_{13} & -\underline{Y}_{12} & -\underline{Y}_{13} \\ -\underline{Y}_{12} & \underline{Y}_2+\underline{Y}_{12}+\underline{Y}_{23} & -\underline{Y}_{23} \\ -\underline{Y}_{13} & -\underline{Y}_{23} & \underline{Y}_3+\underline{Y}_{13}+\underline{Y}_{23} \end{bmatrix} \begin{bmatrix} \underline{U}_1 \\ \underline{U}_2 \\ \underline{U}_3 \end{bmatrix} = \begin{bmatrix} \underline{I}_1+\underline{I}_{12}+\underline{I}_{13} \\ \underline{I}_2-\underline{I}_{12}+\underline{I}_{23} \\ \underline{I}_3-\underline{I}_{13}-\underline{I}_{23} \end{bmatrix} \tag{5}$$

Man erkennt, daß die Leitwertmatrix bezüglich ihrer Hauptdiagonalen symmetrisch ist. Die Hauptdiagonalelemente sind gleich der Summe der Leitwerte aller mit einem Knoten verknüpften Zweige. Die übrigen Elemente sind die Koppelleitwerte zwischen den einzelnen Knoten. Sie sind immer negativ in die Matrix einzusetzen. Die Elemente des Spaltenvektors $[\underline{I}]$ der rechten Seite des Gleichungssystems (5) sind gleich der Summe aller einem Knoten zufließenden Quellenströme.

Das Gleichungssystem (5) läßt sich in kompakter Weise

durch die 'erweiterte' Leitwertmatrix darstellen, d.h. durch die mit dem Spaltenvektor $[\underline{I}]$ auf der rechten Seite erweiterte Leitwertmatrix. Wegen der Symmetrie der Leitwertmatrix kann man außerdem die redundante untere Dreiecksmatrix weglassen (Bild 13).

$$\begin{bmatrix} \underline{Y}_1+\underline{Y}_{12}+\underline{Y}_{13} & -\underline{Y}_{12} & -\underline{Y}_{13} & \underline{I}_1+\underline{I}_{12}+\underline{I}_{13} \\ & \underline{Y}_2+\underline{Y}_{12}+\underline{Y}_{23} & -\underline{Y}_{23} & \underline{I}_2-\underline{I}_{12}+\underline{I}_{23} \\ & & \underline{Y}_3+\underline{Y}_{13}+\underline{Y}_{23} & \underline{I}_3-\underline{I}_{13}-\underline{I}_{23} \end{bmatrix}$$

Bild 13: Erweiterte symmetrische Leitwertmatrix

Die erweiterte Matrix enthält alle Informationen, die zur Lösung des Gleichungssystems (5) erforderlich sind.

3.2.4. Aufbau der erweiterten symmetrischen Leitwertmatrix

Die erweiterte symmetrische Leitwertmatrix des Bildes 13 kann mit den allgemeinen Elementen $\underline{A}_{ik}$ folgendermaßen geschrieben werden.

$$\begin{bmatrix} \underline{A}_{11} & \underline{A}_{12} & \underline{A}_{13} & \underline{A}_{14} \\ & \underline{A}_{22} & \underline{A}_{23} & \underline{A}_{24} \\ & & \underline{A}_{33} & \underline{A}_{34} \end{bmatrix}$$

Bild 14: Allgemeine erweiterte symmetrische Matrix

Durch Vergleich der entsprechenden Elemente der Matrizen in Bild 13 und 14 kann leicht ein Algorithmus zum Aufbau des allgemeinen Elementes $\underline{A}_{ik}$ hergeleitet werden.

Zunächst denke man sich alle Elemente der erweiterten Matrix $[\underline{A}]$ von der Ordnung n gelöscht. Ein Zweig mit den Größen $\underline{I}_{ik}$ und $\underline{Y}_{ik}$ sowie ein Zweig mit den Größen $\underline{I}_i$ und $\underline{Y}_i$ tragen zum Aufbau der Matrix $[\underline{A}]$ in folgender Weise bei (Tabelle 10). Der in Tabelle 10 beschriebene Algorithmus wird für die Programmierung des Matrixaufbaus benötigt.

Tabelle 10: Aufbau der erweiterten symmetrischen Leitwertmatrix

$\underline{Y}_{ik}$ wird zu $\underline{A}_{ii}$ und $\underline{A}_{kk}$ addiert
$\underline{Y}_{ik}$ wird von $\underline{A}_{ik}$ subtrahiert
$\underline{I}_{ik}$ wird zu $\underline{A}_{i,n+1}$ addiert
$\underline{I}_{ik}$ wird von $\underline{A}_{k,n+1}$ subtrahiert
$\underline{Y}_{i}$ wird zu $\underline{A}_{ii}$ addiert
$\underline{I}_{i}$ wird zu $\underline{A}_{i,n+1}$ addiert

Bei der Anwendung der Tabelle 10 gelten für die positive Zählrichtung des Stromes $\underline{I}_{ik}$ und $\underline{I}_i$ die Festlegungen in Bild 15.

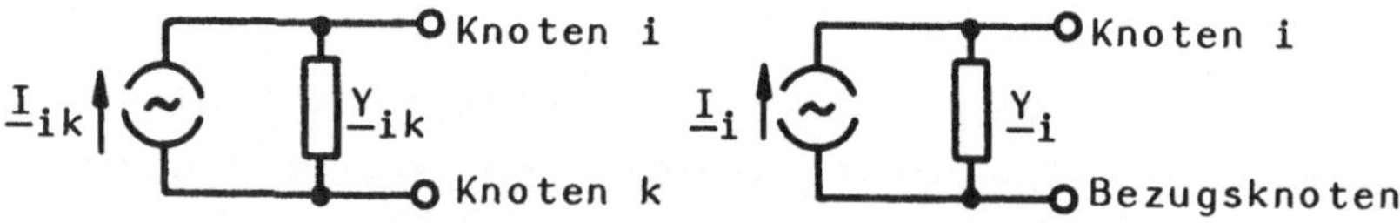

Bild 15: Positive Zählrichtungen für $\underline{I}_{ik}$ und $\underline{I}_i$

Beispiel 41

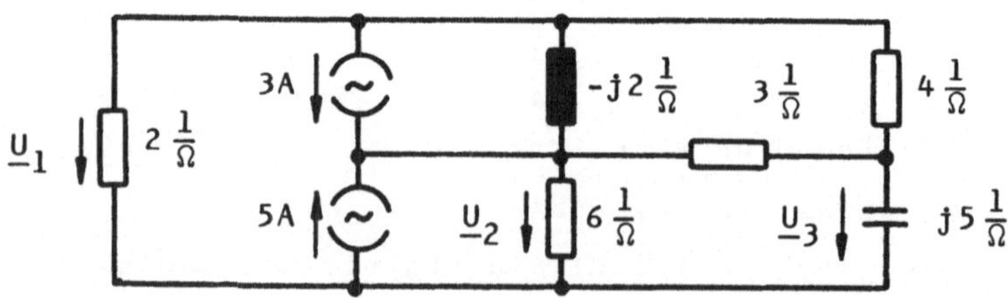

Mit der Tabelle 10 und unter Beachtung des Bildes 15 ergibt sich die folgende erweiterte symmetrische Leitwertmatrix:

$$\begin{bmatrix} (6-j2)/\Omega & j2/\Omega & -4/\Omega & -3A \\ & (9-j2)/\Omega & -3/\Omega & 8A \\ & & (7+j5)/\Omega & 0A \end{bmatrix}$$

Für $\underline{U}_3$ ergibt sich die Lösung:

$\underline{U}_3 = 0{,}215\,V\,e^{-j88{,}4^0}$ (z.B. durch Gauß-Algorithmus)

3.2.5. Rechnerunabhängige algorithmische Formulierung des Knotenpunktpotentialverfahrens

Es ist zweckmäßig, so viele Schaltungselemente wie möglich zu einem Zweig zusammenzufassen, damit die Knotenzahl möglichst klein wird. Denn von dieser sind der Speicherbedarf und die Rechenzeit entscheidend abhängig. Ein Zweig soll hier aus einer fortgesetzten Reihenparallelschaltung von idealen Quellen und Widerständen bestehen. Er wird mit der im Abschnitt 2.3.1. beschriebenen algorithmischen Formulierung der Reduktion zu einer Ersatzstromquelle reduziert. Dies geschieht durch eine Folge der in den Tabellen 1 und 2 angegebenen Makroanweisungen. Ein Zweig ohne Quellen wird hierbei als Spezialfall einer Ersatzstromquelle mit dem Kurzschlußstrom Null betrachtet. Nähere Einzelheiten sind dem genannten Abschnitt zu entnehmen.

Jede algorithmische Beschreibung eines Zweiges nach Abschnitt 2.3.1. muß beginnen mit einer BRANCH-Anweisung, in welcher angegeben wird, zwischen welchen Knoten sich der Zweig befindet (Tabelle 11).

Tabelle 11: Numerierung der Zweige

BRANCH i.k	Der folgende Zweig befindet sich zwischen dem Knoten Nr.i und dem Knoten Nr.k
BRANCH i	Der folgende Zweig befindet sich zwischen dem Knoten Nr.i und dem Bezugsknoten

Die Numerierung der Knoten beginnt mit 1 und endet mit dem Index der Knotenspannung, die berechnet werden soll. Die zu berechnende Knotenspannung muß also den Index n haben. Die Reihenfolge der Zweige ist beliebig.

Eine BRANCH-Anweisung darf mehrfach mit denselben Indizes i und k gegeben werden. Dies hat zur Folge, daß die Zweige parallel geschaltet werden.

Die Folge aller Anweisungen wird als Makroprogramm bezeichnet. Das Makroprogramm wird mit der Anweisung READY abgeschlossen.

Die Wirkung der BRANCH-Anweisung und der READY-Anweisung ist in dem Flußdiagramm Bild 16 dargestellt.

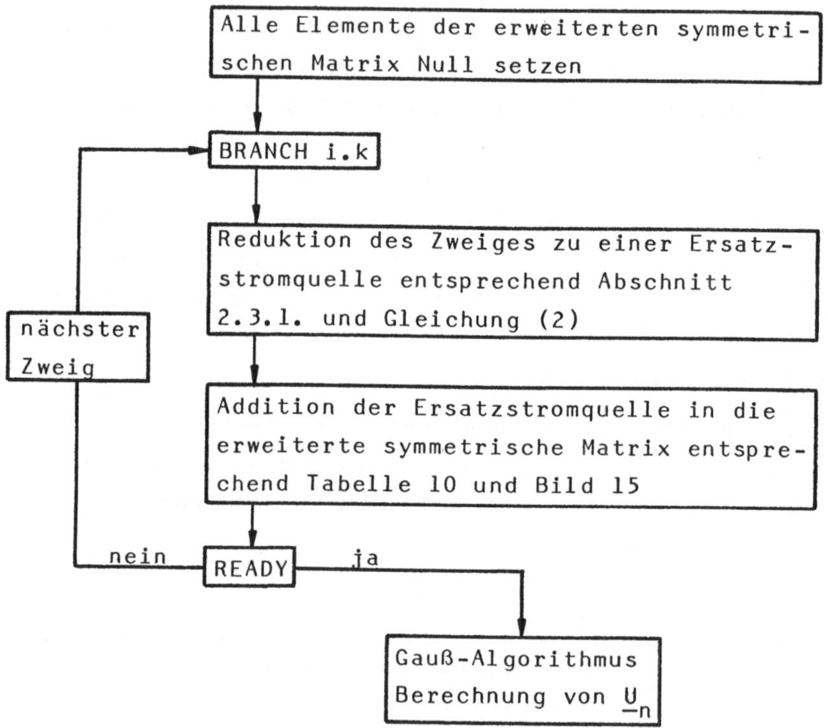

Bild 16: Flußdiagramm für BRANCH-Anweisung und READY-Anweisung

<u>Beispiel 42</u>

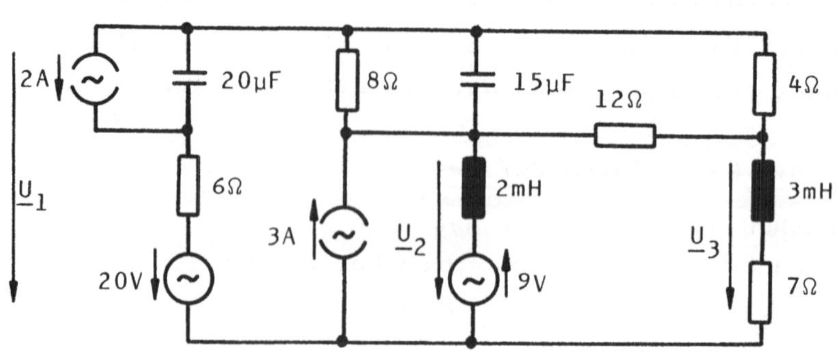

Die gesuchte Größe ist $\underline{U}_3$. Der rechnerunabhängige Algorithmus lautet:

BRANCH 1	Zweig zwischen Knoten 1 und Bezugsknoten
I = -2A	Parallele Stromquelle (siehe Bild 15)
CP = 20µF	Parallelkapazität
RS = 6Ω	Serienwiderstand
U = 20V	Spannungsquelle in Serie
BRANCH 2	Zweig zwischen Knoten 2 und Bezugsknoten
U = -9V	Spannungsquelle in Serie (Bild 15)
LS = 2mH	Serieninduktivität
I = 3A	Parallele Stromquelle
BRANCH 3	Zweig zwischen Knoten 3 und Bezugsknoten
LS = 3mH	Serieninduktivität
RS = 7Ω	Serienwiderstand
BRANCH 1.2	Zweig zwischen Knoten 1 und Knoten 2
RP = 8Ω	Parallelwiderstand
CP = 15µF	Parallelkapazität
BRANCH 1.3	Zweig zwischen Knoten 1 und Knoten 3
RS = 4Ω	Serienwiderstand
BRANCH 2.3	Zweig zwischen Knoten 2 und Knoten 3
RS = 12Ω	Serienwiderstand
READY	Ende des Makroprogramms

Das Ergebnis der Durchrechnung des Algorithmus entsprechend Bild 16 für die Frequenz ω=10000 1/s lautet:

$$\underline{U}_3 = 49{,}3\mathrm{V}\ e^{j48{,}3^\circ}$$

Es kann entsprechend den Anweisungen des Algorithmus durch manuelle Rechnung gewonnen werden.

3.3. Maschenstromverfahren

3.3.1. Voraussetzungen

Das Verfahren setzt voraus, daß sich nur Spannungsquellen im Netzwerk befinden. Diese Voraussetzung läßt sich immer realisieren, indem jeder Zweig in eine äquivalente Ersatzspannungsquelle umgewandelt wird. Dies geschieht mit dem im Abschnitt 2.2. geschilderten Reduktionsverfahren und ist möglich, wenn der Zweig aus einer Reihenparallelschaltung von Quellen und Widerständen besteht. Besteht ein Zweig aus nur einer Stromquelle, dann muß diese mit dem im Abschnitt 2.3.7. geschilderten Verfahren verlegt werden.

3.3.2. Ansatz mit Maschenströmen

Das Verfahren wird an einem Netzwerk mit drei Maschenströmen erläutert (Bild 17). Der Ansatz erfolgt mit den fiktiven Maschenströmen als Unbekannte. Die Zweigströme ergeben sich dann durch Überlagerung der Maschenströme.

Die Wahl der Maschenstrombahnen ist an sich beliebig. Es müssen jedoch folgende Regeln beachtet werden.

a) Es gibt genau $M = Z - (K-1)$ Maschenströme, wenn Z die Anzahl der Zweige und K die Anzahl der Knoten in einem Netzwerk ist.

b) Beim schrittweisen Ansatz der Maschenströme muß jede Masche wenigstens einen einzigen neuen und bisher unbelegten Zweig enthalten.

c) Jeder Zweig muß schließlich mindestens einen Maschenstrom führen.

Es ist leicht einzusehen, daß die Summe aller einem Knoten zufließenden Maschenströme gleich Null ist, so daß die Knotengleichungen überflüssig sind. In dem Netzwerk des Bildes 17 sei angenommen, daß die Umwandlung der Zweige in Ersatzspannungsquellen bereits durchgeführt ist. Jeder Zweig besteht also aus einer Reihenschaltung einer idealen Spannungsquelle mit einem Widerstand.

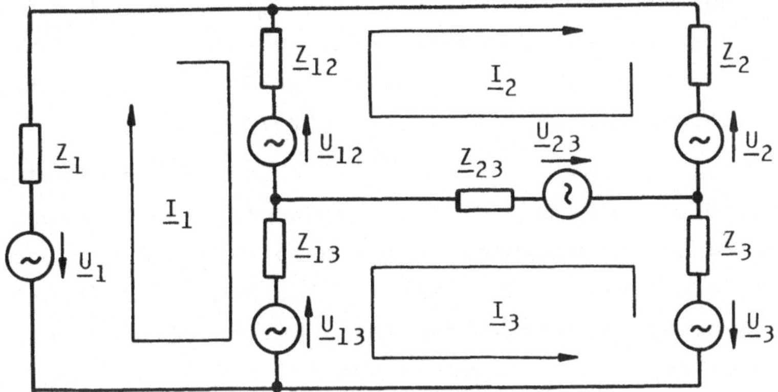

Bild 17: Ansatz mit Maschenströmen

Zur Berechnung der Maschenströme sind drei Maschengleichungen erforderlich:

$$\underline{I}_1\underline{Z}_1 + (\underline{I}_1-\underline{I}_2)\underline{Z}_{12} + (\underline{I}_1+\underline{I}_3)\underline{Z}_{13} = \underline{U}_1+\underline{U}_{12}+\underline{U}_{13} \tag{6a}$$

$$\underline{I}_2\underline{Z}_2 + (\underline{I}_2-\underline{I}_1)\underline{Z}_{12} + (\underline{I}_2+\underline{I}_3)\underline{Z}_{23} = \underline{U}_2-\underline{U}_{12}+\underline{U}_{23} \tag{6b}$$

$$\underline{I}_3\underline{Z}_3 + (\underline{I}_3+\underline{I}_2)\underline{Z}_{23} + (\underline{I}_3+\underline{I}_1)\underline{Z}_{13} = \underline{U}_3+\underline{U}_{13}+\underline{U}_{23} \tag{6c}$$

3.3.3. Ansatz mit der Widerstandsmatrix

Das Gleichungssystem (6) lautet nach einer Umformung in der Matrixschreibweise:

$$\begin{bmatrix} \underline{Z}_1+\underline{Z}_{12}+\underline{Z}_{13} & -\underline{Z}_{12} & \underline{Z}_{13} \\ -\underline{Z}_{12} & \underline{Z}_2+\underline{Z}_{12}+\underline{Z}_{23} & \underline{Z}_{23} \\ \underline{Z}13 & \underline{Z}_{23} & \underline{Z}_3+\underline{Z}_{13}+\underline{Z}_{23} \end{bmatrix} \begin{bmatrix} \underline{I}_1 \\ \underline{I}_2 \\ \underline{I}_3 \end{bmatrix} = \begin{bmatrix} \underline{U}_1+\underline{U}_{12}+\underline{U}_{13} \\ \underline{U}_2-\underline{U}_{12}+\underline{U}_{23} \\ \underline{U}_3+\underline{U}_{13}+\underline{U}_{23} \end{bmatrix} \tag{7}$$

Man erkennt, daß die Widerstandsmatrix bezüglich ihrer Hauptdiagonalen symmetrisch ist. Die Hauptdiagonalelemente sind gleich der Summe der Widerstände in einer Masche, die der Maschenstrom durchfließt. Die übrigen Elemente sind die Koppelwiderstände, die von zwei Maschenströmen durchflossen werden. Ein Koppelwiderstand ist positiv in die Widerstandsmatrix einzusetzen, wenn er von den Maschenströmen gleichsinnig durchflossen wird, und negativ, wenn er gegensinnig durchflossen wird. Die Elemente des Spaltenvektors $[\underline{U}]$ der rechten Seite des

Gleichungssystems (7) sind gleich der Summe aller Spannungsquellen, die ein Maschenstrom durchfließt. Dabei wird die Spannungsquelle positiv gezählt, die dem Maschenstrom entgegengesetzt gerichtet ist.

Das Gleichungssystem (7) läßt sich in kompakter Weise durch die 'erweiterte' Widerstandsmatrix darstellen, d.h. durch die mit dem Spaltenvektor $[\underline{U}]$ auf der rechten Seite erweiterte Widerstandsmatrix. Wegen der Symmetrie der Widerstandsmatrix kann man außerdem die redundante untere Dreiecksmatrix weglassen (Bild 18).

$$\begin{bmatrix} \underline{Z}_1+\underline{Z}_{12}+\underline{Z}_{13} & -\underline{Z}_{12} & \underline{Z}_{13} & \underline{U}_1+\underline{U}_{12}+\underline{U}_{13} \\ & \underline{Z}_2+\underline{Z}_{12}+\underline{Z}_{23} & \underline{Z}_{23} & \underline{U}_2-\underline{U}_{12}+\underline{U}_{23} \\ & & \underline{Z}_3+\underline{Z}_{13}+\underline{Z}_{23} & \underline{U}_3+\underline{U}_{13}+\underline{U}_{23} \end{bmatrix}$$

Bild 18: Erweiterte symmetrische Widerstandsmatrix

3.3.4. Aufbau der erweiterten symmetrischen Widerstandsmatrix

Die erweiterte symmetrische Widerstandsmatrix des Bildes 18 kann mit den allgemeinen Elementen $\underline{A}_{ik}$ folgendermaßen geschrieben werden.

$$\begin{bmatrix} \underline{A}_{11} & \underline{A}_{12} & \underline{A}_{13} & \underline{A}_{14} \\ & \underline{A}_{22} & \underline{A}_{23} & \underline{A}_{24} \\ & & \underline{A}_{33} & \underline{A}_{34} \end{bmatrix}$$

Bild 19: Allgemeine erweiterte symmetrische Matrix

Durch Vergleich der entsprechenden Elemente der Matrizen in Bild 18 und 19 kann leicht ein Algorithmus zum Aufbau des allgemeinen Elementes $\underline{A}_{ik}$ hergeleitet werden.

Zunächst denke man sich alle Elemente der erweiterten Matrix $[\underline{A}]$ von der Ordnung n gelöscht. Ein Zweig mit den Größen $\underline{U}_{ik}$ und $\underline{Z}_{ik}$ sowie ein Zweig mit den Größen $\underline{U}_i$ und $\underline{Z}_i$ tragen zum Aufbau der Matrix $[\underline{A}]$ in folgender Weise bei (Tabelle 12).

Tabelle 12: Aufbau der erweiterten symmetrischen Widerstandsmatrix

$\underline{Z}_{ik}$	wird zu $\underline{A}_{ii}$ und $\underline{A}_{kk}$ addiert
$\underline{Z}_{ik}$	wird zu $\underline{A}_{ik}$ addiert, wenn $\underline{Z}_{ik}$ von den Maschenströmen $\underline{I}_i$ und $\underline{I}_k$ gleichsinnig durchflossen wird, und subtrahiert, wenn gegensinnig.
$\underline{U}_{ik}$	wird zu $\underline{A}_{i,n+1}$ addiert
$\underline{U}_{ik}$	wird zu $\underline{A}_{k,n+1}$ addiert, wenn die Quelle $\underline{U}_{ik}$ von den Maschenströmen $\underline{I}_i$ und $\underline{I}_k$ gleichsinnig durchflossen wird, und subtrahiert, wenn gegensinnig.
$\underline{Z}_i$	wird zu $\underline{A}_{ii}$ addiert
$\underline{U}_i$	wird zu $\underline{A}_{i,n+1}$ addiert

Bei der Anwendung der Tabelle 12 gelten für die positive Zählrichtung der Spannungen $\underline{U}_{ik}$ und $\underline{U}_i$ die Festlegungen in Bild 20.

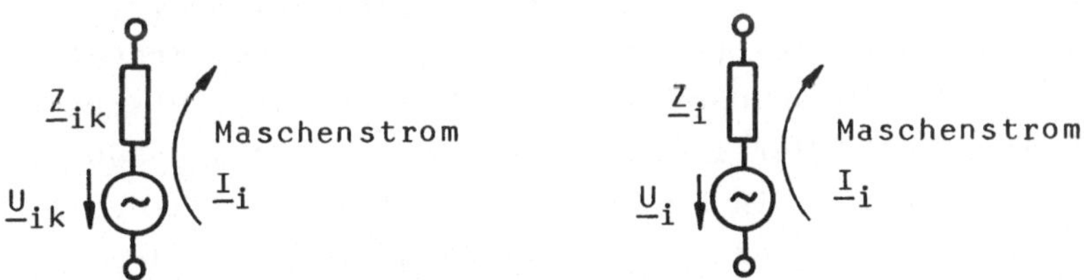

Bild 20: Positive Zählrichtungen für $\underline{U}_{ik}$ und $\underline{U}_i$

Beispiel 43

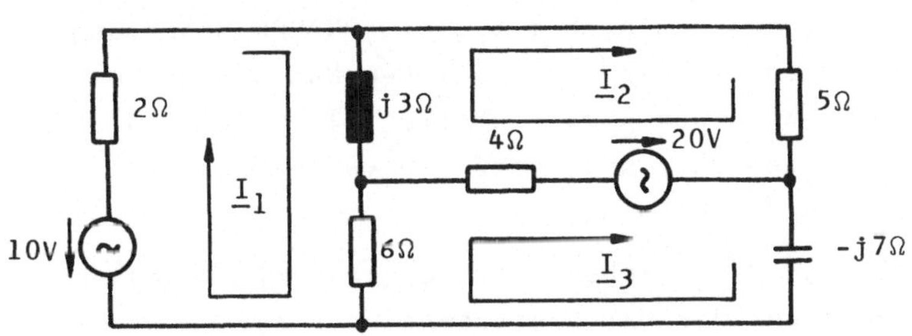

Mit der Tabelle 12 und unter Beachtung des Bildes 20 ergibt sich die folgende erweiterte symmetrische Widerstandsmatrix:

$$\begin{bmatrix} 8\Omega+j3\Omega & -j3\Omega & -6\Omega & 10V \\ & 9\Omega+j3\Omega & -4\Omega & 20V \\ & & 10\Omega-j7\Omega & -20V \end{bmatrix}$$

Für $\underline{I}_3$ ergibt sich die Lösung:

$$\underline{I}_3 = 0{,}415\,A\,e^{-j130^o}$$

3.3.5. Rechnerunabhängige algorithmische Formulierung des Maschenstromverfahrens

Es ist zweckmäßig, so viele Schaltungselemente wie möglich zu einem Zweig zusammenzufassen, damit die Anzahl der Maschenströme möglichst klein wird. Denn von dieser sind der Speicherbedarf und die Rechenzeit entscheidend abhängig. Ein Zweig soll hier aus einer fortgesetzten Reihenparallelschaltung von idealen Quellen und Widerständen bestehen. Er wird mit der im Abschnitt 2.3.1. beschriebenen algorithmischen Formulierung der Reduktion zu einer Ersatzspannungsquelle reduziert. Dies geschieht durch eine Folge der in den Tabellen 1 und 2 angegebenen Makroanweisungen. Ein Zweig ohne Quellen wird hierbei als Spezialfall einer Ersatzspannungsquelle mit der Leerlaufspannug Null betrachtet. Nähere Einzelheiten sind dem genannten Abschnitt zu entnehmen.

Jede algorithmische Beschreibung eines Zweiges nach Abschnitt 2.3.1. muß beginnen mit einer BRANCH-Anweisung, in welcher angegeben wird, von welchen Maschenströmen der Zweig durchflossen wird (Tabelle 13). Hier wird die Einschränkung gemacht, daß ein Zweig von maximal zwei Maschenströmen durchflossen wird.

Die Numerierung der Maschenströme beginnt mit 1 und endet mit dem Index des Maschenstromes, der berechnet werden soll. Die Reihenfolge der Zweige ist beliebig.

Tabelle 13: Numerierung der Zweige

BRANCH i.k	Der folgende Zweig wird von den Maschenströmen Nr.i und Nr.k gleichsinnig durchflossen
BRANCH -i.k	Der folgende Zweig wird von den Maschenströmen Nr.i und Nr.k gegensinnig durchflossen
BRANCH i	Der folgende Zweig wird nur von einem Maschenstrom Nr.i durchflossen

Entsprechend Bild 20 wird eine Quellenspannung positiv gezählt, wenn sie dem Maschenstrom Nr.i entgegengesetzt gerichtet ist.

Eine BRANCH-Anweisung darf mehrfach mit denselben Indizes i und k gegeben werden. Dies hat zur Folge, daß die Zweige in Serie geschaltet werden.

Das Makroprogramm wird mit der Anweisung READY abgeschlossen. Die Wirkung der BRANCH-Anweisung und der READY-Anweisung zeigt das Flußdiagramm Bild 21.

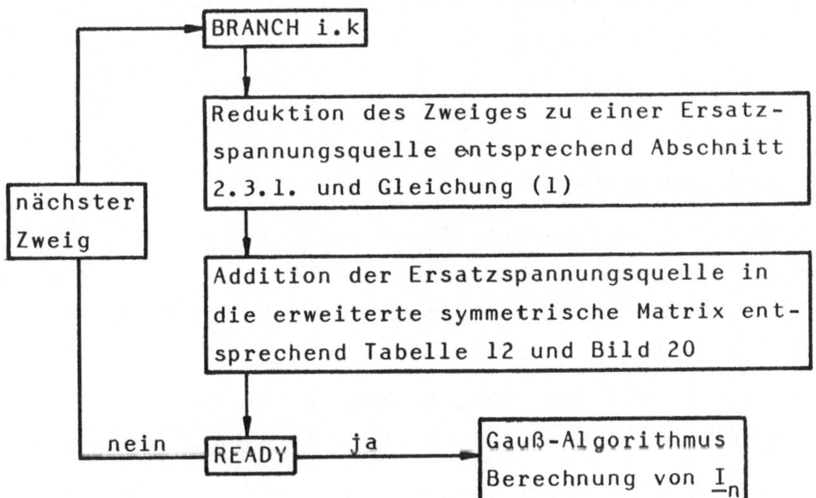

Bild 21: Flußdiagramm für BRANCH-Anweisung und READY-Anweisung

Beispiel 44

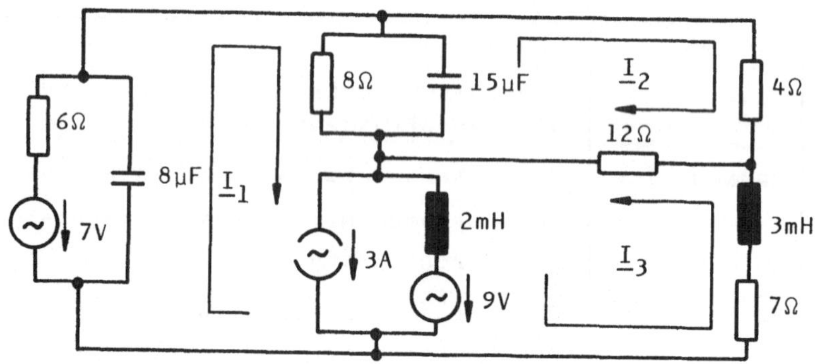

Die gesuchte Größe ist $\underline{I}_3$. Der Algorithmus lautet:

```
BRANCH 1        RS = 7Ω         LS = 2mH
U = 7V          LS = 3mH        I = 3A
RS = 6Ω         BRANCH -1.2     BRANCH 2.3
CP = 8μF        RP = 8Ω         RS = 12Ω
BRANCH 2        CP = 15μF       READY
RS = 4Ω         BRANCH 1.3
BRANCH 3        U = -9V
```

Hier sind nur drei Maschenströme erforderlich, weil die parallelen Zweige mit dem Reduktionsalgorithmus formuliert werden können.

Das Ergebnis der Durchrechnung des Algorithmus für die Frequenz ω=5000 1/s lautet:

$$\underline{I}_3 = 0{,}639\,\mathrm{A}\, e^{j20{,}4^{\circ}}$$

3.4. Gauß-Algorithmus

Für das Knotenpunktpotentialverfahren und das Maschenstromverfahren ist es erforderlich, ein komplexes lineares Gleichungssystem mit symmetrischer Koeffizientenmatrix zu lösen.

Zunächst wird ein Gleichungssystem dritter Ordnung mit unsymmetrischer Koeffizientenmatrix betrachtet (Gl.(8)).

$$\begin{bmatrix} \underline{A}_{11} & \underline{A}_{12} & \underline{A}_{13} \\ \underline{A}_{21} & \underline{A}_{22} & \underline{A}_{23} \\ \underline{A}_{31} & \underline{A}_{32} & \underline{A}_{33} \end{bmatrix} \cdot \begin{bmatrix} \underline{X}_1 \\ \underline{X}_2 \\ \underline{X}_3 \end{bmatrix} = \begin{bmatrix} \underline{A}_{14} \\ \underline{A}_{24} \\ \underline{A}_{34} \end{bmatrix} \qquad (8)$$

Dieses Gleichungssystem kann in kompakter Weise als erweiterte Matrix geschrieben werden (Bild 22).

$$\begin{bmatrix} \underline{A}_{11} & \underline{A}_{12} & \underline{A}_{13} & \underline{A}_{14} \\ \underline{A}_{21} & \underline{A}_{22} & \underline{A}_{23} & \underline{A}_{24} \\ \underline{A}_{31} & \underline{A}_{32} & \underline{A}_{33} & \underline{A}_{34} \end{bmatrix}$$

Bild 22: Erweiterte Matrix

Ziel des Gauß-Algorithmus ist es nun, die erweiterte Matrix durch elementare Zeilenoperationen in eine reduzierte Matrix umzuwandeln, die unterhalb der Hauptdiagonalen nur Nullen enthält (Bild 23).

$$\begin{bmatrix} \underline{B}_{11} & \underline{B}_{12} & \underline{B}_{13} & \underline{B}_{14} \\ 0 & \underline{B}_{22} & \underline{B}_{23} & \underline{B}_{24} \\ 0 & 0 & \underline{B}_{33} & \underline{B}_{34} \end{bmatrix}$$

Bild 23: Reduzierte erweiterte Matrix

Die letzte Zeile der reduzierten Matrix entspricht einer Gleichung mit nur einer Unbekannten, deren Wert leicht zu berechnen ist:

$$\underline{X}_3 = \underline{B}_{34}/\underline{B}_{33}$$

Eine Null in Bild 23 wird durch eine elementare Zeilenoperation erzeugt. Mit einem geeigneten Multiplikator wird eine ganze Zeile, die Pivotzeile, multipliziert und dann von der zu reduzierenden Zeile subtrahiert. Ein Zahlenbeispiel möge das verdeutlichen.

Gegeben sei die erweiterte Matrix in Bild 24.

Pivotelement

$$\begin{bmatrix} \boxed{16} & -8 & -4 & 4 \\ -8 & 12 & -2 & 18 \\ -4 & -2 & 11 & -19 \end{bmatrix}$$

Bild 24: Zahlenbeispiel einer erweiterten Matrix

In der ersten Reduktionsstufe ist die erste Zeile die Pivotzeile. In dieser ist 16 das Pivotelement. Der Multiplikator für die Reduktion der zweiten Zeile lautet -6/18 und für die Reduktion der dritten Zeile -4/16. Das Ergebnis der ersten Reduktionsstufe ist die Matrix in Bild 25.

Pivotelement

$$\begin{bmatrix} 16 & -8 & -4 & 4 \\ 0 & \boxed{8} & -4 & 20 \\ 0 & -4 & 10 & -18 \end{bmatrix}$$

Bild 25: Matrix nach der ersten Reduktionsstufe

In Bild 25 entspricht die zweite und dritte Zeile einem Gleichungssystem zweier Gleichungen mit zwei Unbekanntem. Auf dieses Gleichungssystem wird die zweite Reduktionsstufe angewendet. Jetzt ist die zweite Zeile die Pivotzeile. In dieser ist 8 das Pivotelement. Der Multiplikator für die Reduktion der dritten Zeile lautet -4/8. Das Ergebnis der zweiten und letzten Reduktionsstufe ist die Matrix in Bild 26.

$$\begin{bmatrix} 16 & -8 & -4 & 4 \\ 0 & 8 & -4 & 20 \\ 0 & 0 & 8 & -8 \end{bmatrix}$$

Bild 26: Matrix nach der zweiten Reduktionsstufe

Aus der dritten Zeile gewinnt man das Ergebnis:

$$X_3 = -8/8 = -1$$

Durch Einsetzen von X_3 in die zweite Gleichung ergibt sich $X_2=2$ und durch Einsetzen von X_2 und X_3 in die erste Gleichung $X_1=1$.

Allgemein ergeben sich die folgenden Beziehungen für die Reduktion. Das aktuelle Pivotelement sei $\underline{A}_{ii}$. Die zu reduzierende Zeile habe den Zeilenindex j. Der laufende Spaltenindex während der Reduktion sei k. Der Multiplikator werde mit M bezeichnet. Dann läßt sich die Reduktion einer unsymmetrischen Matrix durch das Ablaufdiagramm in Bild 27 darstellen.

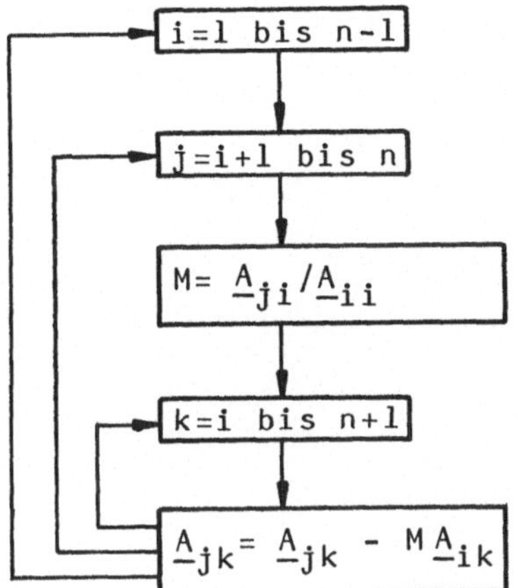

Bild 27: Reduktion einer unsymmetrischen erweiterten Matrix

Ist die Matrix symmetrisch, dann ergeben sich Vereinfachungen. Die gegebene Matrix des Zahlenbeispiels Bild 24 war symmetrisch. Man erkennt in Bild 25, daß das reduzierte System nach der ersten Reduktionsstufe auch wieder symmetrisch ist. Allgemein läßt sich feststellen, daß bei einer gegebenen symmetrischen Matrix die Matrizen nach allen Reduktionsstufen ebenfalls symmetrisch sind, wenn in jeder Reduktionsstufe das obere linke Element der reduzierten Matrix als Pivotelement genommen wird. Die untere Dreiecksmatrix ist also in jeder Reduktionsstufe überflüssig und kann von vornherein weggelassen werden. Es ergeben sich also folgende Änderungen in Bild 29 gegenüber Bild 27:

1) $\underline{A}_{ij} = \underline{A}_{ji}$
2) Der Spaltenindex läuft jetzt von j bis n+1; die reduzierte Zeile ist also kürzer.

$$\begin{bmatrix} \underline{A}_{11} & \underline{A}_{12} & \underline{A}_{13} & \underline{A}_{14} \\ & \underline{A}_{22} & \underline{A}_{23} & \underline{A}_{24} \\ & & \underline{A}_{33} & \underline{A}_{34} \end{bmatrix}$$

Bild 28: Symmetrische erweiterte Matrix in verkürzter Darstellung

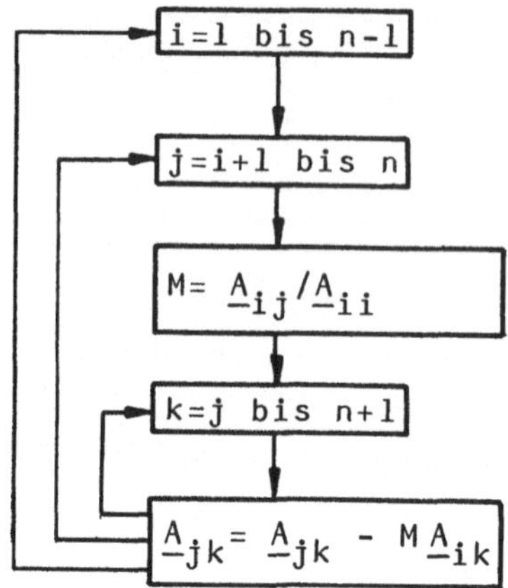

Bild 29: Reduktion einer symmetrischen erweiterten Matrix

Die Beziehungen in Bild 29 werden im vorliegenden Programm für die Lösung des symmetrischen linearen Gleichungssystems benutzt. Die Rechenoperationen werden in komplexer Arithmetik ausgeführt. Die Indexrechnung, insbesondere für die inneren Schleifen mit den Indizes j und k, sollte möglichst ökonomisch durchgeführt werden, da sie oft durchlaufen werden.

Ein Zeilentausch braucht hier nicht vorgesehen zu werden. Das Pivotelement wird nur dann gleich Null, wenn sich in einem Teilnetzwerk eine Resonanz befindet. In diesem Fall wähle man eine leicht geänderte Frequenz.

3.5. Realisierung auf dem HP-41C

Vergleicht man die in den Abschnitten 3.2. und 3.3. geschilderten Algorithmen für das Knotenpunktpotentialverfahren und das Maschenstromverfahren, dann wird deutlich, daß es sich um zwei sehr ähnliche Verfahren handelt. Daher sind beide Verfahren in dem HP-41C Programm NET vereinigt worden.

3.5.1. Bedienungsanleitung

Die Tabelle 14 zeigt alle Tastenfolgen für die Bedienung des Programms NET (siehe auch Abschnitt 2.4.1.).

Tabelle 14: Bedienungsanleitung für das Programm NET

Nr.	Anweisung	Wert	Funktion	Anzeige
1	Start NET		XEQ NET	NODEV?
	Knotenpunktpotentialverf.	1	R/S	N=?
	oder Maschenstromverfahren	0	R/S	N=?
	Anzahl der Knotenpunktpotentiale oder Maschenströme	N	R/S	INPUT:
2	a) Für Knotenpunktpotentialverfahren: der durch die folgenden Makroanweisungen beschriebene Zweig befindet sich zwischen den Knoten Nr.i und Nr.k,	i.k	E	BRANCHi.k
	oder: der Zweig befindet sich zwischen dem Knoten Nr.i und dem Bezugsknoten	i	E	BRANCHi
	b) Für Maschenstromverfahren: der durch die folgenden Makroanweisungen beschriebene Zweig wird von den Maschenströmen Nr.i und Nr.k gleichsinnig durchflossen,	i.k	E	BRANCHi.k
	oder: der Zweig wird von den Maschenströmen Nr.i und Nr.k gegensinnig durchflossen,	-i.k	E	BRANCH-i.k
	oder: der Zweig wird nur von einem Maschenstrom Nr.i durchflossen	i	E	BRANCHi
3	Eingabe der Makroanweisgn.:			
	Serienwiderstand	R	A	RS=(R)
	Parallelwiderstand	R	a	RP=(R)
	Serienkapazität	C	B	CS=(C)
	Parallelkapazität	C	b	CP=(C)
	Serieninduktivität	L	C	LS=(L)
	Parallelinduktivität	L	c	LP=(L)
	Serienblindwiderstand	X	D	XS=(X)
	Parallelblindwiderstand	X	d	XP=(X)
	Spannungsquelle in Serie	U	XEQ 01	U=(U)
	Phasenwinkel der Spannungsquelle (kann fortgelassen werden, wenn ϕ=0)	ϕ	XEQ 03	PHI=(ϕ)
	Parallele Stromquelle	I	XEQ 02	I=(I)

Nr.	Anweisung	Wert	Funktion	Anzeige
	Phasenwinkel der Stromquelle (kann fortgelassen werden, wenn $\phi=0$)	ϕ	XEQ 03	PHI=(ϕ)
	Anmerkungen: Schritte 2 und 3 wiederholen, bis alle Zweige eingegeben sind. XEQ 03 darf nur nach XEQ 01 oder XEQ 02 erfolgen.			
4	Ende des Makroprogramms	0	E	READY
5	Start des Reviewprogramms, Kontrolle und Änderung der Schaltung		e	INPUT:
6	Vorwärtslauf des Reviewprogramms um eine Makroanweisung. Dieser Schritt entfällt, wenn ein Drucker benutzt wird. In diesem Fall wird das gesamte Makroprogramm im Schritt 5 gedruckt		R/S	wie im Schritt 2 und 3
7	Rückwärtslauf des Reviewprogramms um eine Makroanweisung		H	wie im Schritt 2 und 3
	Anmerkung: durch kombinierte Ausführung von Schritt 6 und 7 kann das Reviewprogramm genau auf die Makroanweisung positioniert werden, die vor einer zu ändernden Makroanweisung steht. Dann kann im Schritt 2 oder 3 die geänderte Makroanweisung eingegeben werden.			
8	Eingabe der Frequenz	f	F	W=($2\pi f$)
9	Eingabe der Kreisfrequenz	ω	G	W=(ω)
	Anmerkung: Schritte 8 und 9 können entfallen für Schaltungen ohne L und C			
10	Start der Rechnung. Für Knotenpunktpotentialverfahren: Ausgabe der Knotenspannung $\underline{U}_N$. Für Maschenstromverfahren: Ausgabe des Maschenstromes $\underline{I}_N$. Ausgabe des zugehörigen Phasenwinkels.		J R/S	U=(U_N) oder I=(I_N) PHI=(ϕ)
	Anmerkung: die Rechnung kann jetzt mit Schritt 8 oder 9 fortgesetzt werden.			

Nr.	Anweisung	Wert	Funktion	Anzeige
11	Start des Plotprogramms (siehe Tabelle 16)		I	BODE ?
	Bode-Diagramm	1	R/S	PHI ?
	oder linearer Maßstab	0	R/S	PHI ?
	Plotten des Phasenganges	1	R/S	NAME ?
	oder des Amplitudenganges	0	R/S	NAME ?
	obligatorische Antwort	UP	R/S	Y MIN ?
	Minimaler Wert auf y-Achse	y_{min}	R/S	Y MAX ?
	Maximaler Wert auf y-Achse	y_{max}	R/S	AXIS ?
	y-Koordinate der x-Achse	axis	R/S	X MIN ?
	Minimaler Wert auf x-Achse	x_{min}	R/S	X MAX ?
	Maximaler Wert auf x-Achse	x_{max}	R/S	X INC ?
	Schrittweite auf x-Achse	Δx	R/S	keine, Drucker plottet

Anmerkung: Befindet sich in einem Teil des Netzwerkes eine Resonanz, dann stoppt das Programm während der Ausführung des Gauß-Algorithmus mit einer Fehlermeldung (Division durch Null). In diesem Fall wähle man eine leicht geänderte Frequenz.

Die Schritte in der Tabelle 14 können in den verschiedensten Reihenfolgen ausgeführt werden. Da die Schaltung in der Form des Makroprogramms im Rechner gespeichert ist, kann sie beliebig oft mühelos durchgerechnet werden, z.B für verschiedene Frequenzen oder nach Änderung von Schaltungsteilen. Die Programme RED und NET sind formal sehr ähnlich. Daher gilt die Zusammenstellung typischer Arbeitsweisen des Programms RED in der Tabelle 5 (Seite 22) sinngemäß auch für das Programm NET. In dem folgenden Beispiel 45 wird die Anwendung der Bedienungsanleitung für das Programm NET im einzelnen gezeigt.

Beispiel 45

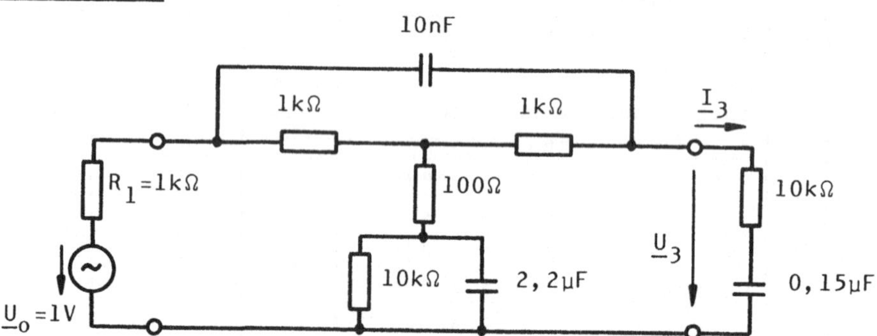

Ein überbrücktes T-Glied wird von einer Spannungsquelle mit Innenwiderstand gespeist und mit einem komplexen Widerstand belastet.

Zunächst soll das Makroprogramm eingegeben werden. Die Spannung $\underline{U}_3$ soll für die Frequenzen f=100Hz, f=1000Hz und f=10000Hz berechnet werden. Dies geschieht mit dem Knotenpunktpotentialverfahren.

Die Struktur des Netzwerkes läßt sich in einfacher Weise durch den folgenden Graphen darstellen. In diesem sind die Knoten durch Punkte dargestellt und die entsprechenden Knotenpunktpotentiale mit ihren Zählpfeilen eingezeichnet.

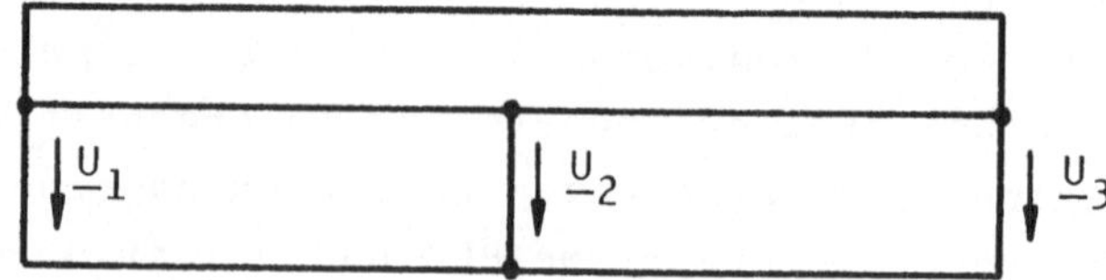

Es sind nur drei Knotenpunktpotentiale erforderlich, da die übrigen Knoten mit dem Reduktionsalgorithmus abgebaut werden. Die Reihenfolge, in der die Zweige eingegeben werden, ist an sich beliebig. Im Hinblick auf spätere Veränderungen der Schaltung mit dem Reviewprogramm werden jedoch die Zweige BRANCH 3 und BRANCH 1 als erste eingegeben. Die folgende Tabelle zeigt den Ablauf der Bedienung.

Tastenfolge	Anzeige
XEQ NET	NODEV?
1 R/S	N=?
3 R/S	INPUT:
3 E	BRANCH 3.0
EEX 4 A	RS=10.0E3
150 EEX CHS 9 B	CS=150.E-9
1 E	BRANCH 1.0
1 XEQ 01	U=1.00E0
1000 A	RS=1.00E3
2 E	BRANCH 2.0
EEX 4 a	RP=10.0E3
2.2 EEX CHS 6 b	CP=2.20E-6
100 A	RS=100.E0
1.2 E	BRANCH 1.2
1000 a	RP=1.00E3
1.3 E	BRANCH 1.3
10 EEX CHS 9 b	CP=10.0E-9
2.3 E	BRANCH 2.3
1000 a	RP=1.00E3
0 E	READY
100 F	W=628.E0
J	U=294.E-3
R/S	PHI=-61.4E0
1000 F	W=6.28E3
J	U=46.8E-3
R/S	PHI=-1.77E0
10000 F	W=62.8E3
J	U=241.E-3
R/S	PHI=40.1E0

Das Ergebnis ist also:

$\underline{U}_3 = 0,294\text{V } e^{-j61,4^o}$ für f=100Hz

$\underline{U}_3 = 0,0468\text{V } e^{-j1,77^o}$ für f=1000Hz

$\underline{U}_3 = 0,241\text{V } e^{j40,1^o}$ für f=10000Hz

Bei Zweigen, die nur ein Element enthalten, ist es an sich beliebig, ob dieses Element als paralleles oder als Serienelement eingegeben wird. Beim Knotenpunktpotentialverfahren wird jedoch der Eingabe als paralleles Element der Vorzug gegeben, weil hier die Leitwertmatrix aufgebaut wird. Ein paralleles Element wird sofort als Leitwert gespeichert und braucht daher beim Aufbau der Leitwertmatrix nicht mehr invertiert zu werden, wodurch Rechenzeit gespart wird. Für das Maschenstromverfahren gilt das Umgekehrte.

Jetzt soll das Makroprogramm mit dem Reviewprogramm auf dem Drucker ausgegeben werden.

Tastenfolge	Anzeige
e	keine, der Drucker schreibt

```
XEQ e
INPUT:            CP=2.20E-6
BRANCH 3.0        RS=100.E0
RS=10.0E3         BRANCH 1.2
CS=150.E-9        RP=1.00E3
BRANCH 1.0        BRANCH 1.3
U=1.00E0          CP=10.0E-9
RS=1.00E3         BRANCH 2.3
BRANCH 2.0        RP=1.00E3
RP=10.0E3         READY
```

Jetzt soll der Amplitudengang des Spannungsverhältnisses $\underline{U}_3/\underline{U}_o$ in der logarithmischen Form des Bode-Diagramms (siehe Tabelle 16) geplottet werden. Für $\underline{U}_o$=1V ist $\underline{U}_3/\underline{U}_o$ gleich dem Zahlenwert von $\underline{U}_3$. Die Frequenz soll von lgω=2,0 bis lgω=5,6 mit der Schrittweite lgω=0,2 laufen. Es wird also ein Frequenzbereich von ω=100 1/s bis $ω=398\cdot10^3$ 1/s erfaßt. Die folgende Tabelle zeigt den Ablauf der Bedienung. Der Maßstab der y-Achse muß natürlich geschätzt oder ausprobiert werden.

Tastenfolge	Anzeige
I	BODE ?
1 R/S	PHI ?
0 R/S	NAME ?
UP R/S	Y MIN ?
30 CHS R/S	Y MAX ?
0 R/S	AXIS ?
0 R/S	X MIN ?
2 R/S	X MAX ?
5.6 R/S	X INC ?
.2 R/S	keine, Drucker plottet

Der folgende Druckerschrieb zeigt den Amplitudengang.

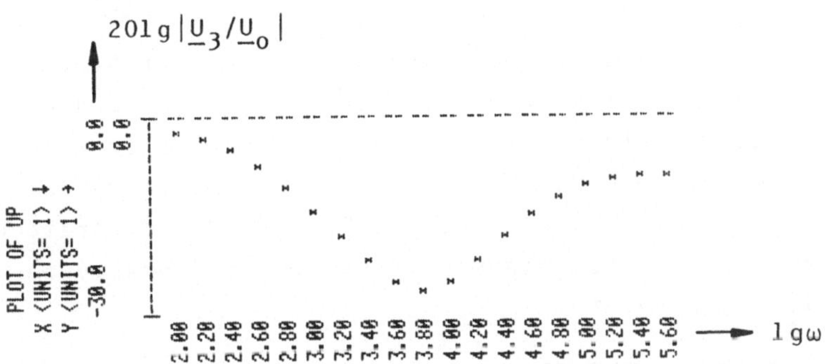

Jetzt soll untersucht werden, wie sich eine Änderung des Innenwiderstandes R_1 der Spannungsquelle auf den Amplitudengang auswirkt. Mit dem Reviewprogramm wird $R_1=1\Omega$ gesetzt. Dieser Wert soll als Näherung für $R_1=0\Omega$ verstanden werden. Für eine exakte Berechnung mit $R_1=0\Omega$ müßte die Spannungsquelle verlegt werden (siehe Abschnitt 2.3.6.).

Tastenfolge	Anzeige
e	INPUT:
R/S	BRANCH 3.0
R/S	RS=10.0E3
R/S	CS=150.E-9
R/S	BRANCH 1.0
R/S	U=1.00E0
1 A	RS=1.00E0

Nach der Änderung der Schaltung wird mit derselben Tastenfolge wie oben (vor Änderung der Schaltung) das Bode-Diagramm der geänderten Schaltung geplottet. Der folgende Druckerschrieb zeigt den Amplitudengang mit $R_1=1\Omega$.

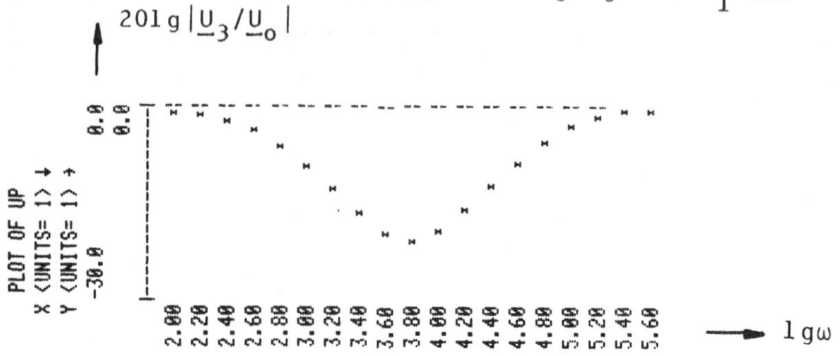

Jetzt soll die Leerlaufspannung $\underline{U}_{3o}$ für die Frequenz f=1000Hz berechnet werden. Die Makroanweisungen, die den Belastungswiderstand beschreiben, müssen ersetzt werden durch irgendwelche Makroanweisungen, die einen Belastungsleitwert Null zur Folge haben, z.B. I=0. Der Widerstand R_1 wird gleichzeitig wieder auf seinen ursprünglichen Wert $R_1=1k\Omega$ gesetzt.

Tastenfolge	Anzeige
e	INPUT:
R/S	BRANCH 3.0
0 XEQ 02	I=0.00E0
0 XEQ 02	I=0.00E0
R/S	BRANCH 1.0
R/S	U=1.00E0
1000 A	RS=1.00E3
1000 F	W=6.28E3
J	U=51.9E-3
R/S	PHI=-1,86E0

Die Leerlaufspannung für f=1000Hz ist also:

$$\underline{U}_{3o} = 0{,}0519V\ e^{-j1,86^o}$$

Jetzt soll der Belastungsstrom $\underline{I}_3$ für die Frequenz 1000Hz berechnet werden. Dies geschieht mit dem Maschenstromverfahren. Die Struktur des Netzwerkes sei wiederum durch den folgenden Graphen dargestellt.

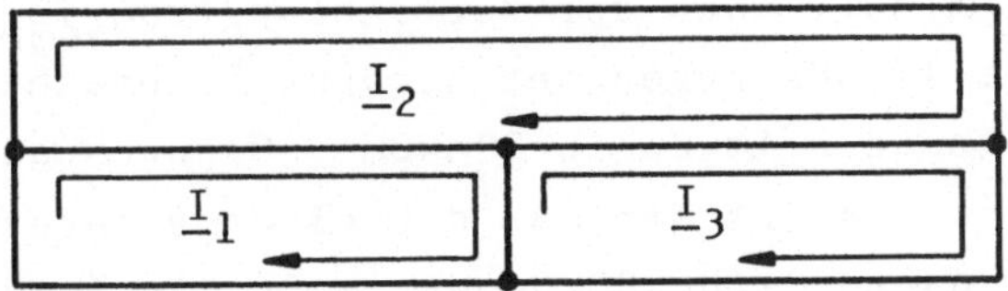

Der Graph hat K=4 Knoten und Z=6 Zweige. Es sind also Z-(K-1)=3 Maschenströme erforderlich (siehe Abschnitt 3.3.2.).

Tastenfolge	Anzeige
XEQ NET	NODEV?
0 R/S	N=?
3 R/S	INPUT:
3 E	BRANCH 3.0
EEX 4 A	RS=10.0E3
150 EEX CHS 9 B	CS=150.E-9
1 E	BRANCH 1.0
1 XEQ 01	U-1.00E0
1000 A	RS=1.00E3
2 E	BRANCH 2.0
10 EEX CHS 9 B	CS=10.0E-9
1.2 CHS E	BRANCH -1.2
1000 A	RS=1.00E3
1.3 CHS E	BRANCH -1.3
EEX 4 a	RP=10.0E3
2.2 EEX CHS 6 b	CP=2.20E-6
100 A	RS=100.E0
2.3 CHS E	BRANCH -2.3
1000 A	RS=1.00E3
0 E	READY
1000 F	W=6.28E3
J	I=4.65E-6
R/S	PHI=4.29E0

Der Belastungsstrom $\underline{I}_3$ ist also:

$$\underline{I}_3 = 4{,}65\mu A \; e^{j4{,}29^o}$$

Schließlich soll noch der Kurzschlußstrom $\underline{I}_{3k}$ für die Frequenz f=1000Hz berechnet werden. Es brauchen nur die Makroanweisungen im Zweig BRANCH 3.0 durch solche Makroanweisungen ersetzt werden, die einen Widerstand Null zur Folge haben, z.B. RS=0 oder U=0. Die Änderungen werden mit dem Reviewprogramm durchgeführt.

Tastenfolge	Anzeige
e	INPUT:
R/S	BRANCH 3.0
0 A	RS=0.00E0
0 A	RS=0.00E0
J	I=47.4E-6
R/S	PHI=5.14E0

Der Kurzschlußstrom ist also:

$$\underline{I}_{3k} = 47{,}6\mu A \; e^{j5{,}14^o}$$

3.5.2. Allgemeine Programmbeschreibung

Das Programm NET besteht aus zwei Teilen, der Eingabe-Routine und der Rechen-Routine.

Vor Beginn der Rechnung wird zunächst die Schaltung in algorithmischer Form im Rechner abgespeichert (Schritt 2, 3 und 4 der Tabelle 14). Im Schritt 1 stellt der Rechner die Frage NODEV? (Node Voltage Method ?). Wird die Frage bejaht, dann wird das nachfolgend eingegebene Makroprogramm als Algorithmus für das Knotenpunktpotentialverfahren interpretiert; wird die Frage verneint, dann wird es als Algorithmus für das Maschenstromverfahren interpretiert. Formale Unterschiede beider Algorithmen gibt es nicht, so daß für beide Algorithmen die gleiche Eingabe-Routine und Anzeige-Routine (Reviewprogramm) benutzt werden können.

Die Eingabe des Makroprogramms in den Rechner erfolgt über die Tastatur. Das Prinzip der Tastenbelegung ist im Abschnitt 2.4.1. bereits geschildert worden. Jeder Makroanweisung ist eine Taste zugeordnet (Tabellen 14 und 15). Die Betätigung der entsprechenden Taste bewirkt, daß ein numerischer Code für jede Makroanweisung in den Rechner gelangt (LBL A und folgende der Programmauflistung). Sämtliche Makroanweisungen mit den zugeordneten Tasten sowie dem internen Code sind in der Tabelle 15 zusammengestellt.

Tabelle 15: Tastenzuordnungen für Makroanweisungen

Makroanweisung	Tastenzuordnung	interner Code
RS	A	1
RP	a	2
CS	B	3
CP	b	4
LS	C	5
LP	c	6
XS	D	7
XP	d	8
U	XEQ 01	9
I	XEQ 02	10
PHI	XEQ 03	11
BRANCH i.k	i.k dann E	0.ik
BRANCH -i.k	-i.k dann E	-0.ik
BRANCH i	i dann E	0.i
READY	0 dann E	0

Die Schaltung wird in der Reihenfolge im Rechner aufgebaut, in welcher die Makroanweisungen eingegeben werden (siehe Speicherplan Tabelle 17). Die BRANCH-Anweisung und die READY-Anweisung benötigen ein Register, alle übrigen Makroanweisungen benötigen zwei Register, und zwar ein Register für den Code und ein Register für den Wert des Schaltungselementes.

Während der Eingabe und des Ablaufs des Reviewprogramms werden die Makroanweisungen in ihrer alphanumerischen Form in der Anzeige des Rechners sichtbar gemacht (siehe Bedienungsanleitung). Programmtechnisch geschieht dies z.B. für die Makroanweisung LP, indem über den numerischen Code 06 der Makroanweisung die im Register 06 abgespeicherte Vokabel LP in die Anzeige geholt wird (siehe LBL 26).

Nachdem das Makroprogramm im Rechner gespeichert ist, kann die Rechnung gestartet werden. Falls die Schaltung Kapazitäts- und Induktivitätswerte enthält, muß vorher eine Frequenz gewählt werden (siehe Bedienungsanleitung). In der Rechenphase werden die Makroanweisungen in der Reihenfolge ausgeführt, wie sie im Speicher stehen. Dabei bewirkt jede Makroanweisung einen Sprung in ein Unterprogramm (siehe LBL 31). Die Nummer (Label) dieses Unterprogramms ist identisch mit dem internen Code der Makroanweisung. Mit der Tabelle 15 kann man leicht die Stelle der Programmauflistung finden, an der eine Makroanweisung verarbeitet wird. Z.B. wird die Eingabe der Makroanweisung LP bei LBL c der Eingabe-Routine und die Ausführung bei LBL 06 der Rechen-Routine verarbeitet.

Für das Knotenpunktpotentialverfahren und das Maschenstromverfahren wird die gleiche Rechen-Routine verwendet. Dabei werden die beiden Algorithmen über eine Flagsteuerung an einigen Stellen des Programms verschieden interpretiert. Der wesentliche Unterschied liegt in dem Aufbau der Matrix (siehe LBL 40). Im Falle des Knotenpunktpotentialverfahrens werden Ersatzstromquellen in Zusammenhang mit der Tabelle 10 und Bild 16 zum Aufbau der erweiterten Leitwertmatrix verwendet; im Falle des Maschenstromverfahrens werden Ersatzspannungsquellen in Zusammenhang mit der Tabelle 12 und Bild 21 zum Aufbau der erweiterten Widerstandsmatrix verwendet. Die Unterschiede sind gering, wie man durch Vergleich der beiden Tabellen feststellen kann.

Für die Reduktion eines Zweiges in eine Ersatzspannungsquelle oder eine Ersatzstromquelle wird die gleiche Routine verwendet, wie sie bereits beim Reduktionsprogramm RED beschrieben wurde. Hier wird allerdings nur ein Zweipolspeicher benötigt. Nach jeder BRANCH-Anweisung werden die vier Register des Zweipolspeichers gelöscht. Das erste Element eines Zweiges bestimmt den Anfangsstatus der Ersatzquelle. Ist das erste Element ein Element der Tabelle 1 (also ein paralleles Element), so wird der Status als Ersatzstromquelle gesetzt; ist es ein Element der Tabelle 2 (also ein Serienelement), dann wird der Status als Ersatzspannungsquelle gesetzt. Nun ist es an sich beliebig, ob man z.B. für das erste Element die Makroanweisung RS oder RP benutzt. Wünscht man jedoch eine schnelle Ausführung des Programms, dann sollte man unnötige Inversionen der Ersatzquelle vermeiden. So ist es zweckmäßig, beim Knotenpunktpotentialverfahren parallele Elemente, entsprechend beim Maschenstromverfahren Serienelemente zu verwenden, wenn der Zweig nur aus einem Element besteht.

Ein Drucker ermöglicht das Plotten des Frequenzganges. Die Plot-Funktion kann in den in der Tabelle 17 angegebenen Varianten ausgegeben werden, und zwar die Spannung $\underline{U}$ beim Knotenpunktpotentialverfahren und sinngemäß der Strom $\underline{I}$ beim Maschenstromverfahren.

Tabelle 16: Plot-Funktionen (Knotenpunktpotentialverf.)

BODE ?	PHI ?	Funktion
nein	nein	$\lvert\underline{U}\rvert = f(\omega)$
nein	ja	$\phi = f(\omega)$ in Grad
ja	nein	$20\lg\lvert\underline{U}\rvert = f(\lg\omega)$
ja	ja	$\phi = f(\lg\omega)$ in Grad

Das Netzwerkprogramm NET ruft das im Printer vorhandene PRPLOT-Programm auf. Dieses wiederum benutzt den Rechenteil von NET als Unterprogramm mit dem Namen UP.

3.5.3. Verwendung als Unterprogramm

Nach der Eingabe der Schaltung (des Makroprogramms) kann der Rechenteil des Netzwerkprogramms NET als Unterprogramm benutzt werden. Der Aufruf erfolgt durch XEQ UP. Die Frequenz ω muß sich im X-Register befinden und wird dem Programm als Parameter zur Verfügung gestellt. Nach dem Rücksprung steht der Betrag des Ergebnisses im X-Register und der Phasenwinkel des Ergebnisses im Y-Register.

3.5.4. Speicherbelegung

In der Tabelle 18 ist die Speicherbelegung für die Rechenphase des Netzwerkprogramms angegeben. Die Register RØØ bis R11 werden vom PRPLOT-Programm des Printers benötigt und stehen daher dem Rechenprogramm nicht zur Verfügung. Während des Ablaufs des Eingabeprogramms und des Review-Programms steht zum Zwecke der Alpha-Anzeige der Makroanweisungen in den Registern bis R11 das Vokabular der Makroanweisungen.

Die Register R14 bis R20 sind doppelt belegt. Die Tabelle 18 zeigt ihre Verwendung für den Aufbau der Matrix, die Tabelle 19 ihre Verwendung für die Schleifensteuerung des Gauß-Algorithmus.

Die Matrix wird unmittelbar im Anschluß an das Makroprogramm gespeichert. Der Speicherplatz für das erste Matrixelement ist also variabel und von der Länge des Makroprogrammes abhängig. Jedes Matrixelement besteht aus Realteil und Imaginärteil und wird in zwei Registern gespeichert. Die untere Dreiecksmatrix wird fortgelassen und nicht gespeichert. Die Matrix von der Ordnung n hat daher folgende Form (Bild 30).

$$\begin{bmatrix} \underline{A}_{11} & \underline{A}_{12} & ---- & \underline{A}_{1n} & \underline{A}_{1,n+1} \\ & \underline{A}_{22} & ----- & \underline{A}_{2n} & \underline{A}_{2,n+1} \\ & & \ddots & | & | \\ & & & \underline{A}_{nn} & \underline{A}_{n,n+1} \end{bmatrix}$$

Bild 30: Gespeicherte Matrix

Die Matrix wird zeilenweise gespeichert. Für die Routinen 'Aufbau der Matrix' und 'Gauß-Algorithmus' werden die Adressen der Matrixelemente als Funktion der Indizes benötigt. Für die Adressen der Hauptdiagonalelemente gilt die Formel (9):

$$\text{Adresse}(\underline{A}_{ii}) = \text{Adresse}(\underline{A}_{11}) - (2n+4) + i(2n+5-i) \qquad (9)$$

Für die Adressen beliebiger Elemente der Matrix gilt die Formel (10):

$$\text{Adresse}(\underline{A}_{ik}) = \text{Adresse}(\underline{A}_{ii}) + 2(k-i) \qquad (10)$$

Die Adressen gelten für den Imaginärteil, der vor dem Realteil gespeichert wird.

Die Adresse des ersten Matrixelementes $\underline{A}_{11}$ wird nach der Eingabe des Makroprogramms wie folgt festgelegt:

$$\text{Adresse}(\underline{A}_{11}) = \text{Adresse(READY-Anweisung)} + 1$$

In der Routine 'Gauß-Algorithmus' erfolgt der Zugriff zu den Matrixelementen nur in der äußeren Schleife (Index i in Bild 29) mit der Formel (9). Ansonsten werden die Adressen durch Inkrementierung um 1 verändert.

In den Registern R14, R15, R18 und R19 ist die Ersatzquelle gespeichert, die zur Reduktion eines Zweiges durch fortgesetzte Reihenparallelschaltung benutzt wird.

3.5.5. Speicherbedarf

Das Netzwerkprogramm NET wird in 150 Registern gespeichert. Die maximale Speicherkapazität des HP-41C beträgt 319 Register. Für den Datenspeicher stehen also 169 Register zur Verfügung. Die notwendige Anzahl der Datenregister beträgt:

$$\text{SIZE} = 25 + N^2 + 3N + A + 2B$$

mit N = Ordnung der Matrix
A = Anzahl der Makroanweisungen ohne Wert
B = Anzahl der Makroanweisungen mit Wert

Tabelle 17: Speicherbelegung für die Rechenphase

Register	Belegung
RØØ – R11	für PRPLOT reserviert
R12	Ordnung N der Matrix
R13	Frequenz ω
R14	Re($\underline{U}_o$ oder $\underline{I}_k$) – Leerlaufspannung oder Kurzschlußstrom
R15	Im($\underline{U}_o$ oder $\underline{I}_k$) – Leerlaufspannung oder Kurzschlußstrom
R16	Zwischenspeicher
R17	Zwischenspeicher
R18	Re($\underline{Z}_o$ oder $\underline{Y}_o$) – Innenwiderstand oder Innenleitwert
R19	Im($\underline{Z}_o$ oder $\underline{Y}_o$) – Innenwiderstand oder Innenleitwert
R20	Indirekte Adresse der Makroanweisungen
R21	Index i aus BRANCH i.k
R22	Index k aus BRANCH i.k
R23	Zwischenspeicher
R24	Zwischenspeicher
R25	BRANCH-Anweisung (Makroprogramm)
R26	Code – Makroanweisung (Makroprogramm)
R27	Wert – Makroanweisung (Makroprogramm)
⋮	⋮ (Makroprogramm)
	READY-Anweisung (Makroprogramm)
	Im $\underline{A}_{11}$ (Matrix)
	Re $\underline{A}_{11}$ (Matrix)
	Im $\underline{A}_{12}$ (Matrix)
	Re $\underline{A}_{12}$ (Matrix)
⋮	⋮ (Matrix)
	Im $\underline{A}_{N,N+1}$ (Matrix)
	Re $\underline{A}_{N,N+1}$ (Matrix)

Tabelle 18: Von der Tabelle 18 abweichende Speicherbelegung für den Gauß-Algorithmus

R14	Adresse des Pivotelementes
R15	Anfangsadresse in der Pivotzeile
R16	Laufende Adresse in der Pivotzeile
R17	Laufende Adresse der reduzierten Elemente
R18	Re(Multiplikator)
R19	Im(Multiplikator)
R20	Index des Pivotelementes

Tabelle 19: Belegung der Flags

SF ØØ	für Ausgabe nach Gauß-Algorithmus
SF Ø1	Ersatzspannungsquelle in R14, R15, R18, R19
SF Ø2	erstes Element eines Zweipols in R14, R15, R18, R19
SF Ø3	zum ersten Mal BRANCH-Anweisung
SF Ø4	Plotten BODE-Diagramm
SF Ø5	Plotten Phasenwinkel
SF Ø6	Unterprogramm-Modus des Rechenprogramms
SF Ø7	für Review-Programm rückwärts
SF Ø8	Maschenstromverfahren, CF Ø8 Knotenpunktpotentialverfahren
SF Ø9	wenn BRANCH i
SF 1Ø	in einem reduzierten Zweig ist eine Quelle vorhanden
SF 14	für READY-Anweisung
SF 15	1) wenn das Knotenpunktpotentialverfahren ausgeführt wird, 2) wenn bei Ausführung des Maschenstromverfahrens die gekoppelten Ströme entgegengesetzt gerichtet sind

3.5.6. Auflistung des Programms

01♦LBL "NET" CF 08 "MODEV?" PROMPT X=0? SF 08 SF 27 CF 29 ΣREG 14 "N=?" PROMPT STO 12	Start des Eingabeprogramms
13♦LBL e "RS" ASTO 01 "RP" ASTO 02 "CS" ASTO 03 "CP" ASTO 04 "LS" ASTO 05 "LP" ASTO 06 "XS" ASTO 07 "XP" ASTO 08 "U" ASTO 09 "I" ASTO 10 "PHI" ASTO 11 24.9 STO 20 "INPUT:" SF 21 AVIEW	Start des Review-Programms Das Vokabular der Makroanweisungen wird gespeichert
41♦LBL 23 ISG 20 RCL IND 20 INT X=0? GTO 27 ISG 20 RCL IND 20	Holen der nächsten Makroanweisung aus dem Speicher
49♦LBL 26 CF 07 CLA ARCL IND Y "⊢=" ENG 2 ARCL X AVIEW GTO 23	Holen Vokabel der Makroanweisung und Anzeige
58♦LBL E 10 / ISG 20 STO IND 20	Speichern BRANCH-Anweisung
63♦LBL 27 SF 07 RCL IND 20 X=0? GTO 14 "BRANCH " 10 * FIX 1 ARCL X AVIEW GTO 23	Anzeige der BRANCH-Anweisung
75♦LBL 14 RCL 20 INT RCL 12 ST+ X 5 + STO 24 - 2.9 + STO 23 "READY" PROMPT GTO 14	Anzeige der READY-Anweisung
90♦LBL A 1 GTO 25	RS: Eingabe der Makroanweisung RS durch Taste A und Erzeugen des Codes 1
93♦LBL a 2 GTO 25	RP
96♦LBL B 3 GTO 25	CS

99♦LBL b 4 GTO 25	CP
102♦LBL C 5 GTO 25	LS
105♦LBL c 6 GTO 25	LP
108♦LBL D 7 GTO 25	XS
111♦LBL d 8 GTO 25	XP
114♦LBL 01 9 GTO 25	U
117♦LBL 02 10 GTO 25	I
120♦LBL 03 11	PHI
122♦LBL 25 FS? 07 CHS ISG 20 STO IND 20 X<>Y ISG 20 STO IND 20 GTO 26	Speichern einer Makroanweisung
131♦LBL H 3 FS? 07 ST- 20 FS? 07 GTO 23 4 RCL T X<0? RDN X<>Y ST- 20 GTO 23	Zurücksetzen des Review-Programms um eine Makroanweisung
144♦LBL F ST+ X PI *	Eingabe der Frequenz f
148♦LBL G "W=" ENG 2 ARCL X STO 13 PROMPT	Eingabe der Frequenz ω
154♦LBL I DEG "BODE?" PROMPT SF 04 X=0? CF 04 "PHI?" PROMPT SF 05 X=0? CF 05 0 STO 03 XROM "PRPLOT" STOP	Start des Plot-Programms. Mit XROM PRPLOT wird ein peripheres Programm im Printer aufgerufen
170♦LBL "UP" FS? 04 10↑X STO 13 SF 06 GTO 32	Unterprogrammeingang des Rechenprogramms
176♦LBL J CF 06	Manueller Start der Rechenphase

178♦LBL 32 RCL 12 XEQ 47 INT 3 + 1000 / 1 XEQ 47 INT + 0	Start des Rechenprogramms
191♦LBL 30 STO IND Y ISG Y GTO 30 SF 03 CF 14 24.9 STO 20	Löschen des Matrixspeichers
199♦LBL 31 ISG 20 RCL IND 20 ISG 20 RCL IND 20 XEQ IND Y FC? 14 GTO 31 GTO 60	Holen der nächsten Makroanweisung aus dem Speicher, Interpretation der Makroanweisung und Sprung
208♦LBL 00 FC?C 03 XEQ 40 CF 15 FC? 08 SF 15 1 ST- 20 RCL IND 20 X=0? SF 14 CLΣ X<0? SF 15 ABS 10 * RCL X INT STO 21 - 10 * CF 09 X=0? SF 09 STO 22 CF 10 SF 02 RTN	Ausführung der BRANCH-Anweisung
238♦LBL 01 XEQ 71 ST+ 18 RTN	RS: Umwandlung in Ersatzspannungsquelle und Addition RS
242♦LBL 02 XEQ 70 1/X ST+ 18 RTN	RP: Umwandlung in Ersatzstromquelle und Addition 1/RP
247♦LBL 03 XEQ 71 GTO 90	CS
250♦LBL 04 XEQ 70 RCL 13 * ST+ 19 RTN	CP
256♦LBL 05 XEQ 71 RCL 13 * ST+ 19 RTN	LS
262♦LBL 06 XEQ 70	LP
264♦LBL 90 RCL 13 * X=0? 1 E-30 1/X ST- 19 RTN	
272♦LBL 07 XEQ 71 ST+ 19 RTN	XS
276♦LBL 08 XEQ 70 1/X ST- 19 RTN	XP

281♦LBL 09 SF 10 XEQ 71 ST+ 14 RTN	U
286♦LBL 10 SF 10 XEQ 70 ST+ 14 RTN	I
291♦LBL 11 RCL Z ST- 14 P-R ST+ 14 RDN ST+ 15 RTN	PHI
299♦LBL 70 FS?C 01 GTO 72 CF 02 RTN	Umwandlung R14, R15, R18, R19 in eine Ersatzstromquelle
304♦LBL 71 FS? 01 CF 02 FS? 01 RTN SF 01	Umwandlung R14, R15, R18, R19 in eine Ersatzspannungsquelle
310♦LBL 72 FS?C 02 RTN STO 16 RCL 19 X↑2 RCL 18 X↑2 + X=0? GTO 73 ST/ 18 CHS ST/ 19 GTO 74	Inversion des Widerstandes oder Leitwertes in R18, R19
325♦LBL 73 RDN 1 E30 STO 18	Approximation $\frac{1}{0+j0} \approx 10^{30}$
329♦LBL 74 RCL 15 RCL 14 RCL 19 RCL 18 XEQ 50 STO 14 RDN STO 15 RCL 16 RTN	Berechnung $\underline{U}_o$ oder $\underline{I}_k$ in R14, R15 entsprechend Formel (3)
340♦LBL 40 FS? 08 XEQ 71 FC? 08 XEQ 70 RCL 21 XEQ 47 RCL 19 ST+ IND Y ISG Y RCL 18 ST+ IND Z FS? 09 GTO 43 RCL 22 RCL 21 X>Y? X<>Y XEQ 46 + RCL 19 FS? 15 ST- IND Y FC? 15 ST+ IND Y ISG Y RCL 18 FS? 15 ST- IND Z FC? 15 ST+ IND Z RCL 22 XEQ 47 RCL 19 ST+ IND Y ISG Y RCL 18 ST+ IND Z	Aufbau der Matrix Addition des Widerstandes oder Leitwertes in R18, R19 zu dem Matrixelement, das mit den Indizes in R21 und R22 bestimmt wird. Siehe Tabelle 10 und 12

378♦LBL 43 FC? 10 RTN RCL 12 1 + RCL 21 XEQ 46 + RCL 15 ST+ IND Y ISG Y RCL 14 ST+ IND Z FS? 09 RTN RCL 12 1 + RCL 22 XEQ 46 + RCL 15 FS? 15 CHS ST+ IND Y ISG Y RCL 14 FS? 15 CHS ST+ IND Z RTN	Addition $\underline{U}_o$ oder $\underline{I}_k$ in R14, R15 zu dem Matrixelement, das mit den Indizes in R21 un R22 bestimmt wird. Siehe Tabelle 10 und 12
410♦LBL 46 STO Z - ST+ X X<>Y	Berechnung der Adresse von $\underline{A}_{ik}$
415♦LBL 47 RCL 24 RCL Y - * RCL 23 + RTN	Berechnung der Adresse von $\underline{A}_{ii}$
423♦LBL 60 CF 00 RCL 12 1 - 1000 / STO 20 ISG 20 GTO 61 SF 00	Start des Gauß-Algorithmus Initialisierung Index des Pivotelementes R2Ø
434♦LBL 61 RCL 20 INT RCL X XEQ 47 INT STO 14 CLX 1 + XEQ 47 STO 17 INT 3 - 1000 / ST+ 14 RCL 14 STO 15	Initialisierung: a) Adresse des Pivotelementes R14 b) Adresse der reduzierten Elemente R17 c) Anfangsadresse in der Pivotzeile R15
454♦LBL 62 ISG 15 ISG 15 GTO 63 FS? 00 GTO 63 ISG 20 GTO 61 SF 00 GTO 61	a) nächste reduzierte Zeile R15 b) nächstes Pivotelement R2Ø
464♦LBL 63 RCL 15 .002 + STO 16 RCL IND 14 ISG 14 RCL IND 14 STO Z X↑2 X<>Y STO T X↑2 + ST/ Y CHS ST/ Z RDN RCL IND 16 ISG 16 RCL IND 16 XEQ 50 FS? 00 GTO 67 STO 18 X<>Y STO 19 1 ST- 14 ST- 16	Multiplikator in R18 und R19
494♦LBL 66 RCL IND 16 ISG 16 RCL IND 16 RCL 19 RCL 18 XEQ 50 X<>Y ST- IND 17 ISG 17 X<>Y ST- IND 17 ISG 17 ISG 16 GTO 66 GTO 62	Reduktion einer Zeile

<table>
<tr><td>

```
510♦LBL 67
R-P  FS? 06  GTO 68
FS? 08  "I="  FC? 08
"U="  ENG 2  ARCL X
SF 21  AVIEW  "PHI="
ARCL Y  PROMPT
```

</td><td>Anzeige des Ergebnisses</td></tr>
<tr><td>

```
525♦LBL 68
FS? 05  X<>Y  FS? 05
RTN  FC? 04  RTN  LOG
20  *  RTN
```

</td><td>Aufbereitung des Ergebnisses im Unterprogramm-Modus und Rücksprung</td></tr>
<tr><td>

```
536♦LBL 50
STO L  X<> Z  ST* L  RDN
ST* T  X<> L  X<> Z
ST* L  ST* Y  X<> L
ST- Z  RDN  ST+ Z  RDN
RTN  END
```

</td><td>Komplexe Multiplikation</td></tr>
</table>

3.6. Ergänzende Beispiele für das allgemeine Netzwerkprogramm NET

Die folgenden Beispiele sollen in erster Linie zur Übung dienen, wie aus einer gegebenen Schaltung der Algorithmus (Makroprogramm) hergeleitet wird. Sie können auch von Lesern durchgearbeitet werden, die den HP-41C nicht kennen.

Die Eingabe des Makroprogramms in den Rechner und der Start der Rechnung sind im Abschnitt 3.5.1. ausführlich beschrieben worden und werden hier nicht mehr diskutiert.

Als Lösung wird der durch das Reviewprogramm erstellte Rechnerausdruck des Makroprogramms sowie das Rechenergebnis angegeben.

In der Lösung wurde eine minimale Anzahl von Knotenpunktpotentialen oder Maschenströmen angestrebt, und zwar durch weitgehende Reduktion der Zweige und gegebenenfalls auch durch Verlegung von Quellen. Die Einzelheiten hierzu können immer aus dem Makroprogramm rekonstruiert werden. Zur Verdeutlichung der Struktur des Netzwerkes wird der zugehörige Graph des reduzierten Netzwerkes angegeben.

Beispiel 46

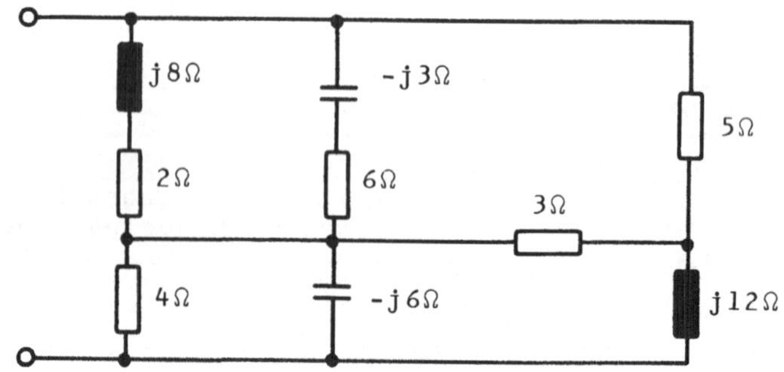

Gesucht ist der Eingangswiderstand der Schaltung. Dieser ist gleich dem Spannungs-Strom-Verhältnis am Eingang und kann bestimmt werden durch Speisung der Schaltung mit einer Spannungsquelle oder einer Stromquelle.

1) Wird die Schaltung mit einer Spannungsquelle gespeist, dann ergibt sich ein Netzwerk mit vier Maschenströmen:

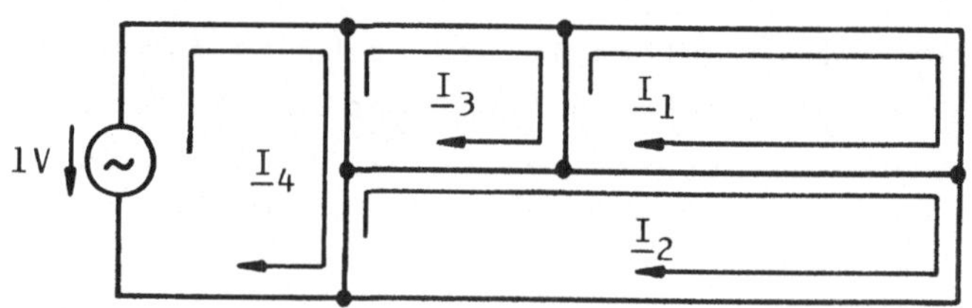

Makroprogramm

```
BRANCH 1.0        RS=6.00E0
RS=5.00E0         XS=-3.00E0
BRANCH 2.0        BRANCH -2.4
XS=12.0E0         RP=4.00E0
BRANCH 4.0        XP=-6.00E0
U=1.00E0          BRANCH -3.4
BRANCH -1.2       RS=2.00E0
RS=3.00E0         XS=8.00E0
BRANCH -1.3       READY
```

Ergebnis

```
         XEQ J
I=151.E-3
PHI=-2.83E0
```

Der Maschenstrom $\underline{I}_4$ beträgt:

$\underline{I}_4 = 151\,\text{mA}\; e^{-j2,83^\circ}$

Der Eingangswiderstand ist also:

$\underline{Z}_{in} = 1V/\underline{I}_4 = 6,64\,\Omega\, e^{j2,83^\circ}$

2) Wird die Schaltung mit einer Stromquelle gespeist, dann ergibt sich ein Netzwerk mit drei Knotenspannungen:

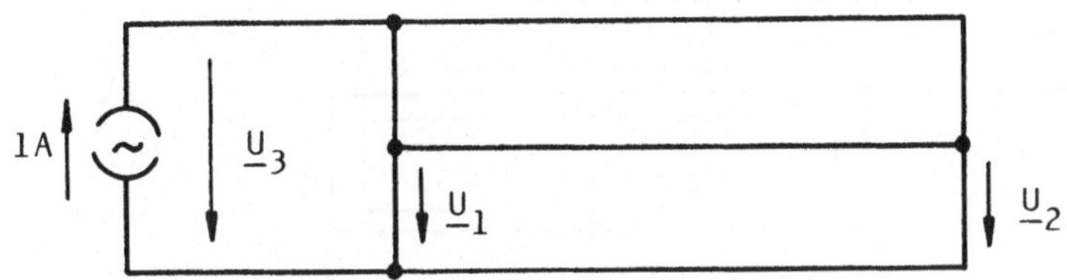

Makroprogramm

```
BRANCH 1.0          XS=8.00E0
RP=4.00E0           BRANCH 1.3
XP=-6.00E0          RS=6.00E0
BRANCH 2.0          XS=-3.00E0
XP=12.0E0           BRANCH 1.2
BRANCH 3.0          RP=3.00E0
I=1.00E0            BRANCH 2.3
BRANCH 1.3          RP=5.00E0
RS=2.00E0           READY
```

Ergebnis

```
        XEQ J
U=6.64E0
PHI=2.83E0
```

Die Knotenspannung $\underline{U}_3$ beträgt:

$\underline{U}_3 = 6{,}64\,\text{V}\,e^{j2{,}83^\circ}$

Der Eingangswiderstand ist also:

$\underline{Z}_{in} = \underline{U}_3/1\text{A} = 6{,}64\,\Omega\,e^{j2{,}83^\circ}$

Beispiel 47

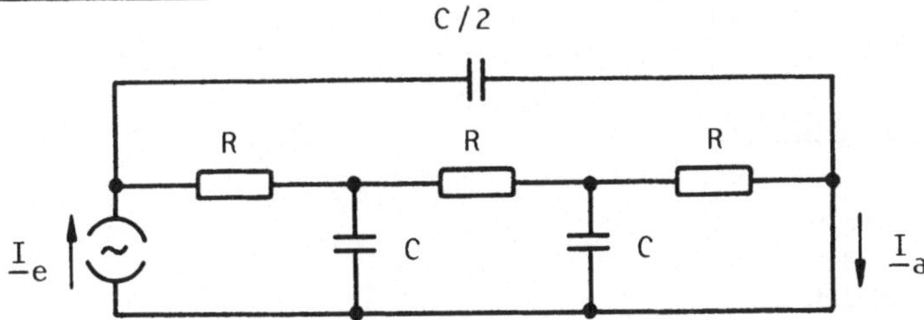

Gesucht ist das Bode-Diagramm des Amplitudenganges des Stromverhältnisses $\underline{I}_a/\underline{I}_e$ mit der normierten Frequenz ωRC. Für die Rechnung wird RC=1 gesetzt mit R=1Ω und C=1F. Setzt man außerdem $\underline{I}_e$=1A, dann ist der Zahlenwert von $\underline{I}_a$ gleich dem gesuchten Stromverhältnis.

Wird die Stromquelle $\underline{I}_e$ verlegt, dann ergibt sich ein Netzwerk mit drei Maschenströmen:

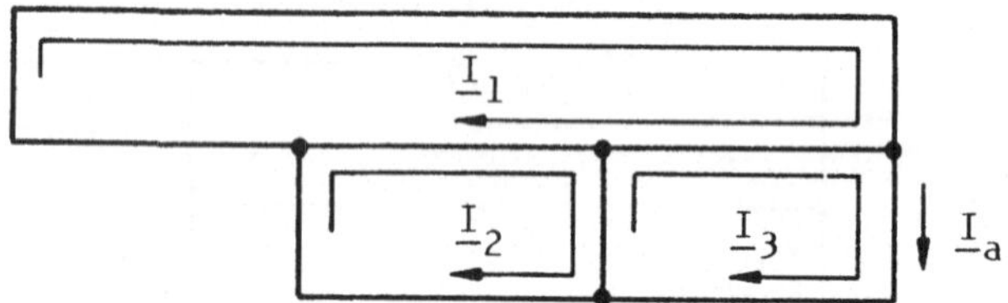

Es ist also $\underline{I}_a/\underline{I}_e = \underline{I}_3/A$.

Makroprogramm

```
BRANCH 1.0          BRANCH -1.2
I=1.00E0            RS=1.00E0
RP=1.00E0           BRANCH -1.3
CS=500.E-3          RS=1.00E0
BRANCH 2.0          BRANCH -2.3
I=1.00E0            CS=1.00E0
CP=1.00E0           READY
```

Bode-Diagramm des Amplitudenganges

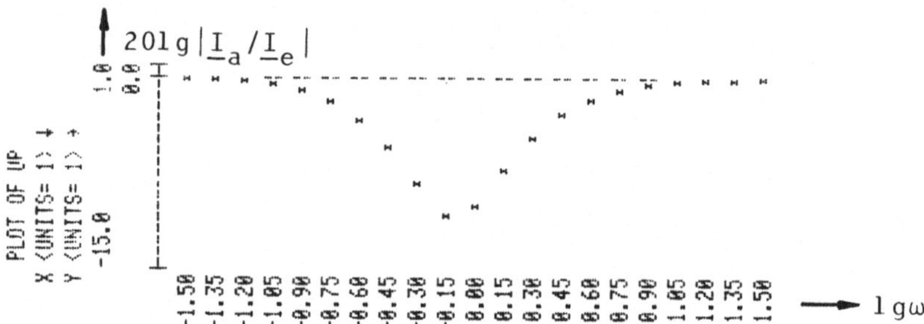

Numerisches Ergebnis

```
W=1.00E0
      XEQ J
I=316.E-3
PHI=18.4E0
```

Für die Frequenz ωRC=1 ergibt sich ein Stromverhältnis von:

$$\underline{I}_a/\underline{I}_e = 0,316\, e^{j18,4^0}$$

Beispiel 48

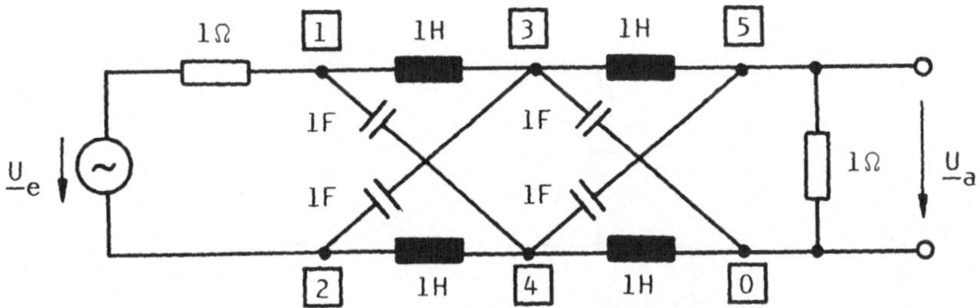

Für den normierten Allpaß ist der Phasengang $\arc(\underline{U}_a/\underline{U}_e)$ als Funktion von ω gesucht.

Es handelt sich um ein Netzwerk mit fünf Knotenpunktpotentialen. Wird $\underline{U}_e$=1V gesetzt, dann ist der Zahlenwert der Knotenspannung $\underline{U}_5$ gleich dem Spannungsverhältnis $\underline{U}_a/\underline{U}_e$.

Makroprogramm

```
BRANCH 1.2
U=1.00E0
RS=1.00E0
BRANCH 1.3
LP=1.00E0
BRANCH 2.4
LP=1.00E0
BRANCH 1.4
CP=1.00E0
BRANCH 2.3
CP=1.00E0
BRANCH 3.5
LP=1.00E0
BRANCH 3.0
CP=1.00E0
BRANCH 4.5
CP=1.00E0
BRANCH 4.0
LP=1.00E0
BRANCH 5.0
RP=1.00E0
READY
```

Phasengang

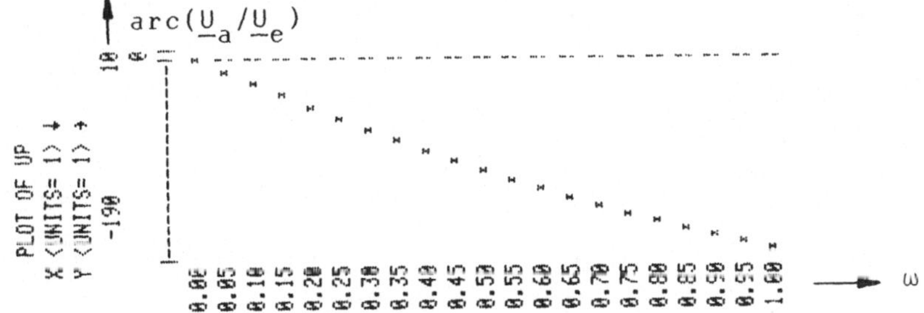

Beispiel 49

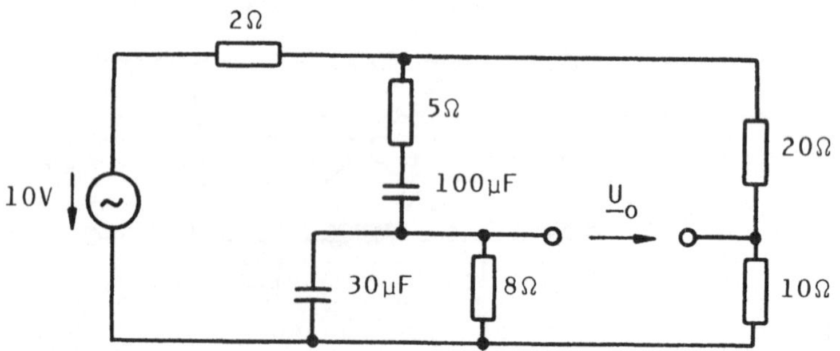

Gesucht ist die Leerlaufspannung $\underline{U}_o$ der Brücke für die Frequenz ω= 1000 1/s

Es handelt sich um ein Netzwerk der folgenden Struktur mit drei Knotenpunktpotentialen.

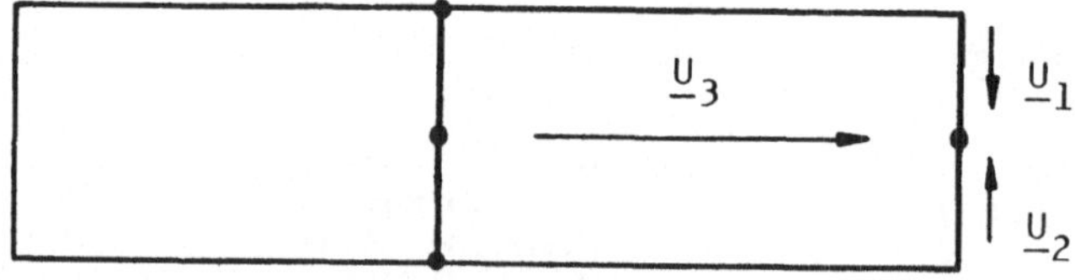

Makroprogramm

```
BRANCH 1.0          BRANCH 1.3
RP=20.0E0           RS=5.00E0
BRANCH 2.0          CS=100.E-6
RP=10.0E0           BRANCH 2.3
BRANCH 1.2          RP=8.00E0
U=10.0E0            CP=30.0E-6
RS=2.00E0           READY
```

Ergebnis

```
W=1.000E3
       XEQ J
U=2.00E0
PHI=71.5E0
```

Die gesuchte Spannung ist:

$\underline{U}_o = 2{,}00\,\text{V}\; e^{j71{,}5^o}$

Beispiel 50

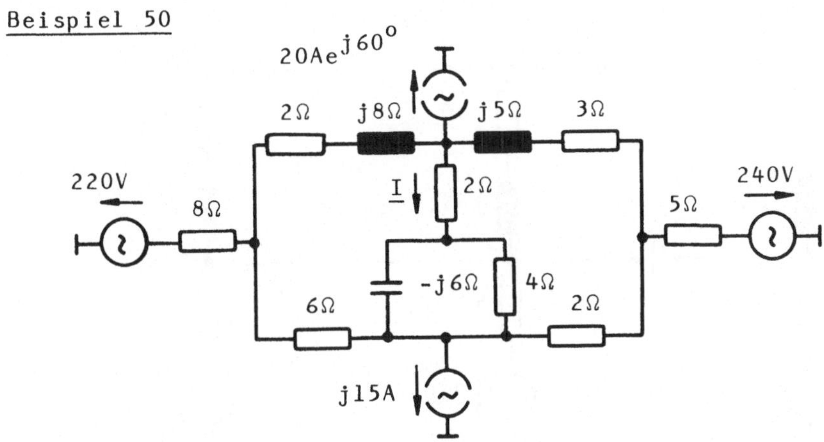

Das Netzwerk wird von zwei Spannungsquellen gespeist und mit zwei Stromquellen belastet. Gesucht ist der Strom $\underline{I}$. Werden die Stromquellen über die rechten Zweige verlegt, so ergibt sich ein Netzwerk mit drei Maschenströmen der folgenden Struktur.

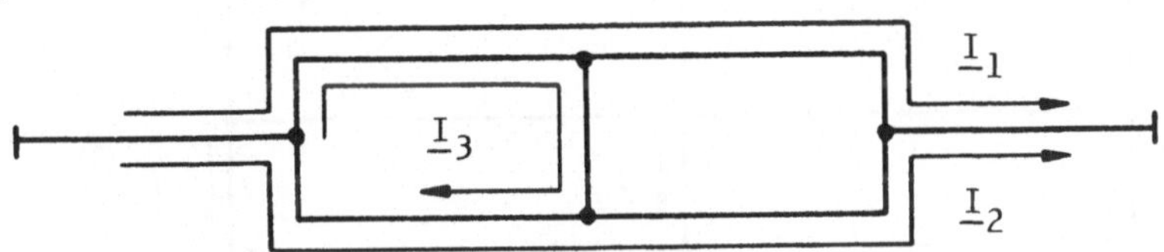

Makroprogramm

```
BRANCH 1.0          U=-240.E0
RS=3.00E0           RS=5.00E0
XS=5.00E0           I=20.0E0
I=20.0E0            PHI=60.0E0
PHI=60.0E0          I=15.0E0
BRANCH 2.0          PHI=90.0E0
RP=2.00E0           U=220.E0
I=15.0E0            RS=8.00E0
PHI=90.0E0          BRANCH 1.3
BRANCH 3.0          RS=2.00E0
RP=4.00E0           XS=8.00E0
XP=-6.00E0          BRANCH -2.3
RS=2.00E0           RP=6.00E0
BRANCH 1.2          READY
```

Ergebnis

```
      XEQ J
I=6.31E0
PHI=-48.2E0
```

Der gesuchte Strom ist:

$\underline{I} = 6{,}31\,A\,e^{-j48{,}2^{o}}$

Beispiel 51

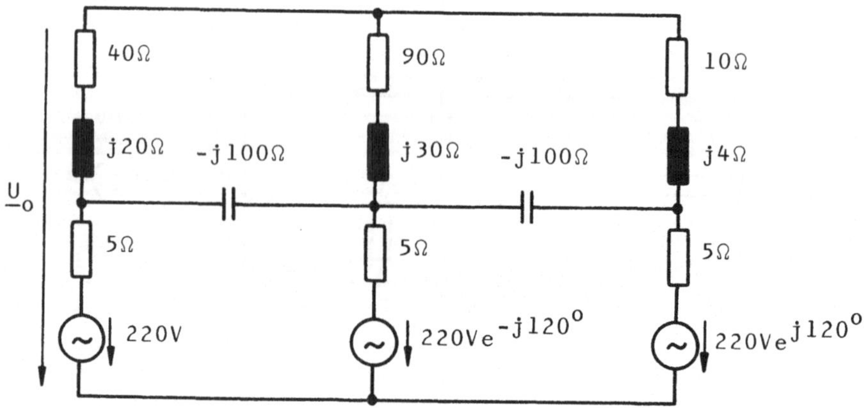

In einem unsymmetrischen Drehstromsystem ist die Spannung $\underline{U}_o$ gesucht. Es handelt sich um ein Netzwerk der folgenden Struktur mit vier Knotenpunktpotentialen.

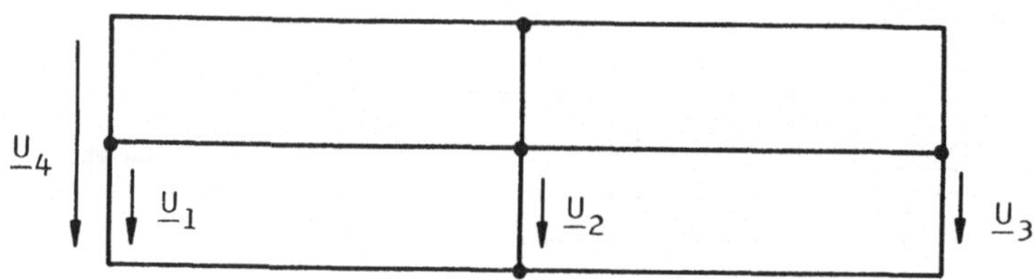

Makroprogramm

```
BRANCH 1.0
U=220.E0
RS=5.00E0
BRANCH 2.0
U=220.E0
PHI=-120.E0
RS=5.00E0
BRANCH 3.0
U=220.E0
PHI=120.E0
RS=5.00E0
BRANCH 1.2
XP=-100.E0
BRANCH 2.3
XP=-100.E0
BRANCH 1.4
RS=40.0E0
XS=20.0E0
BRANCH 2.4
RS=90.0E0
XS=30.0E0
BRANCH 3.4
RS=10.0E0
XS=4.00E0
READY
```

Ergebnis

```
          XEQ J
U=104.E0
PHI=110.E0
```

Die gesuchte Spannung ist:

$\underline{U}_o = 104\,\mathrm{V}\,e^{j110^o}$

Beispiel 52

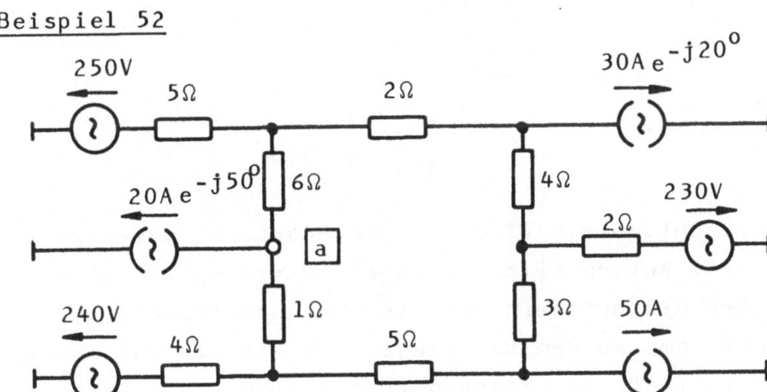

Ein Ringnetz wird an drei Knoten gespeist und an drei Knoten belastet. Gesucht ist 1) die Leerlaufspannung und 2) der Kurzschlußstrom im Knoten [a].

1) Die Leerlaufspannung wird mit dem Knotenpunktpotentialverfahren berechnet. Werden die Stromquellen 30A und 50A verlegt, dann ergibt sich ein Netzwerk mit vier Knotenpunktpotentialen:

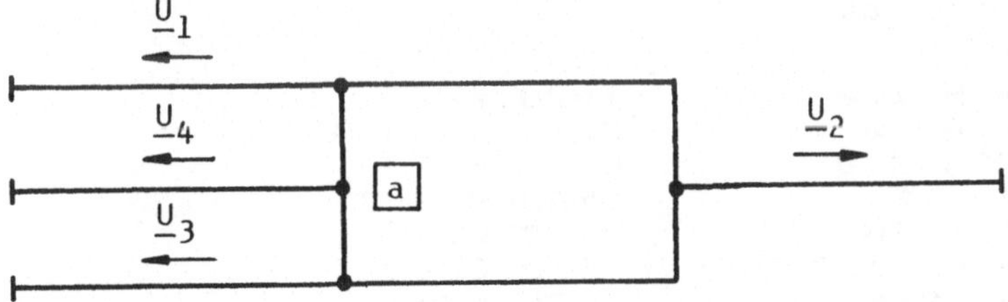

Makroprogramm

```
BRANCH 1.0
U=250.E0
RS=5.00E0
BRANCH 2.0
U=230.E0
RS=2.00E0
I=-30.0E0
PHI=-20.0E0
I=50.0E0
BRANCH 3.0
U=240.E0
RS=4.00E0
BRANCH 3.0
I=-20.0E0
PHI=-50.0E0
```

```
BRANCH 1.2
RP=4.00E0
I=-30.0E0
PHI=-20.0E0
RS=2.00E0
BRANCH 2.3
RP=3.00E0
I=50.0E0
RS=5.00E0
BRANCH 3.4
RP=1.00E0
BRANCH 4.1
RP=6.00E0
READY
```

Ergebnis

```
        XEQ J
U=191.E0
PHI=12.3E0
```

Die Leerlaufspannung im Knoten [a] beträgt:

$\underline{U}_o = 191\,V\,e^{j12,3^o}$

2) Der Kurzschlußstrom wird mit dem Maschenstromverfah- berechnet. Werden alle Stromquellen verlegt, dann ergibt sich ein Netzwerk mit vier Maschenströmen. Die Maschenströme werden so gelegt, daß der gesuchte Kurzschlußstrom mit dem Maschenstrom $\underline{I}_4$ identisch ist:

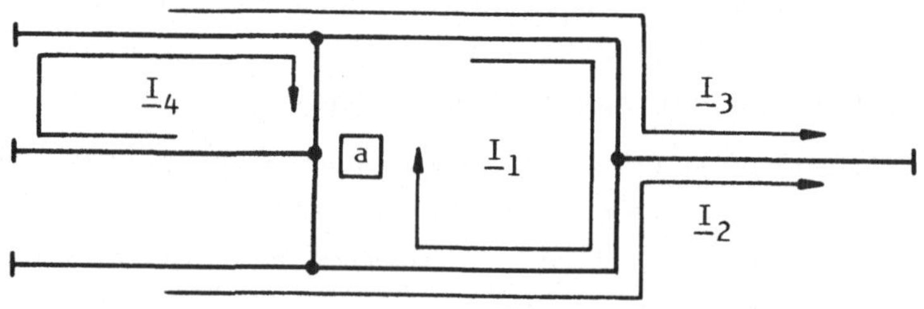

Makroprogramm

```
BRANCH 1.0          I=20.0E0
RP=1.00E0           PHI=-50.0E0
BRANCH 2.0          RP=6.00E0
U=240.E0            BRANCH 2.3
RS=4.00E0           U=-230.E0
BRANCH -1.2         RS=2.00E0
I=-50.0E0           I=30.0E0
RP=3.00E0           PHI=-20.0E0
RS=5.00E0           I=50.0E0
BRANCH 1.3          BRANCH 3.4
I=30.0E0            U=250.E0
PHI=-20.0E0         RS=5.00E0
RP=4.00E0           I=-20.0E0
RS=2.00E0           PHI=-50.0E0
BRANCH -1.4         READY
```

Ergebnis

```
        XEQ J
I=47.9E0
PHI=22.8E0
```

Der gesuchte Kurzschlußstrom ist:

$\underline{I}_k = 47,9\,A\,e^{j22,8^o}$

Literaturverzeichnis

|1| Edminister, J.A.: Elektrische Netzwerke, McGraw-Hill, Düsseldorf, 1976

|2| Bedienungs- und Programmierhandbuch HP-41C, Hewlett-Packard GmbH, Nr. 00041-90012

|3| Circuit Analysis Pac, Hewlett-Packard GmbH, Nr. 00041-90118

|4| Leonhard, W.: Wechselströme und Netzwerke, Vieweg-Verlag, Braunschweig 1972

|5| Naunin, D.: Einführung in die Netzwerktheorie, Vieweg-Verlag, Braunschweig 1976

|6| Unbehauen, R.: Elektrische Netzwerke, Springer-Verlag, Berlin, Heidelberg, New York 1981

|7| Wolf, H.: Lineare Systeme und Netzwerktheorie, Springer-Verlag, Berlin, Heidelberg, New York 1971

|8| Kremer, H.: Numerische Berechnung linearer Netzwerke und Systeme, Springer-Verlag, Berlin, Heidelberg, New York 1978

|9| Pregla, Schlosser: Passive Netzwerke, Teubner, Stuttgart 1972

Sachwortverzeichnis